DIRK STEFFENS

PROJEKT ZUKUNFT

Große Fragen, kluge Köpfe,
Ideen für ein besseres Morgen

Sollte diese Publikation Links auf Webseiten Dritter enthalten,
so übernehmen wir für deren Inhalte keine Haftung,
da wir uns diese nicht zu eigen machen, sondern lediglich
auf deren Stand zum Zeitpunkt der Erstveröffentlichung verweisen.

Penguin Random House Verlagsgruppe FSC® N001967

Cradle to Cradle Certified® ist eine eingetragene Marke
des Cradle to Cradle Products Innovation Institute.

1. Auflage
Copyright © 2022 Penguin Verlag
in der Penguin Random House Verlagsgruppe GmbH,
Neumarkter Straße 28, 81673 München
Mitarbeit: Anne Tucholski
Umschlaggestaltung: Büro Jorge Schmidt, München
Umschlagfoto: © Tobias Schult
Satz: Vornehm Mediengestaltung GmbH, München
Druck und Bindung: GGP Media GmbH, Pößneck
Printed in Germany
ISBN 978-3-328-60232-3
www.penguin-verlag.de

*Für Tino und Emil,
denen die Zukunft gehört*

Inhalt

Vorwort 9

1. Sterben die Ozeane,
   Antje Boetius? 13

2. Wird auf der Erde die Erde knapp,
   Andrea Beste? 38

3. Ist unser Wald noch zu retten,
   Michael Müller? 60

4. Können wir den Klimawandel noch stoppen,
   Mojib Latif? 87

5. Ist das noch Wetter oder schon die Klimakrise,
   Friederike Otto? 112

6. Können wir uns unsere Zukunft noch leisten,
   Claudia Kemfert? 139

7 Sterben die Menschen aus,
Matthias Glaubrecht? 167

8 Warum sind wir alle Sklavenhalter,
Friedel Hütz-Adams? 199

9 Wie viel Angst müssen wir vor Seuchen haben,
Marylyn Addo? 227

10 Wann ist der Mensch ein Mensch,
Johannes Krause? 247

Dank 269

Vorwort

*Man sollte alles so einfach wie möglich machen,
aber nicht einfacher.*
ALBERT EINSTEIN

Plötzlich reden alle über Wissenschaft: Ob Klimawandel, Coronapandemie oder Artensterben – ohne Forscherinnen und Forscher sind die großen gesellschaftlichen Debatten der Gegenwart kaum vorstellbar, ja geradezu unmöglich. Wir leben im Jahrhundert der Ökologie, denn niemals zuvor war es von so existenzieller Bedeutung, die Erkenntnisse aus Biologie, Chemie, Geologie, Physik und all ihren Tochterwissenschaften gegen ihre Auswirkungen auf das planetare Natursystem zu halten. Jeder weitere technologische Fortschritt ist verantwortungslos, wenn wir uns über die möglichen Folgen nicht im Klaren sind.

Unser zivilisatorischer Erfolg, der ja auf Erfindungen und Forschung beruht, hat uns bis an die planetaren Belastungsgrenzen der Erde geführt. Sie zu erkennen und einen Weg Richtung Zukunft einzuschlagen, der zwischen den Leitplanken verläuft, mit denen die Natur unsere Möglichkeiten begrenzt, ist die wohl größte Herausforderung, vor der die Menschheit je stand. Zum ersten Mal seit Entstehung des Lebens entscheidet nämlich nicht der evolutionäre Zufall oder ein Asteroideneinschlag über Sein oder Nichtsein, sondern eine einzelne Spezies, die ihr Schicksal – und das aller anderen Arten – in der Hand hat. Dies ist die Zeit, in der der *Homo* zeigen muss, wie viel *sapiens* wirklich in ihm steckt.

Zu verstehen, was wissenschaftliche Erkenntnisse bedeuten und welche Schlussfolgerungen sich daraus ziehen lassen, ist überlebenswichtig geworden. Globalisierung und Überbevölkerung wirken wie Turbolader für neue Pandemien, das größte Massenaussterben seit dem Verschwinden der Dinosaurier stellt das Überleben unserer eigenen Art in Frage, die aus der Balance geratenen Stoffkreisläufe auf der Erde drohen neue Hungerkatastrophen auszulösen und die veränderte Zusammensetzung der Atmosphäre lässt die Meere gefährlich ansteigen. Wer genau hinsieht, wird feststellen, dass inzwischen viele, vielleicht sogar die meisten täglichen Topmeldungen auf Erkenntnissen aus den Naturwissenschaften beruhen.

Bei der Klimakatastrophe hat es etwa ein halbes Jahrhundert gedauert, bis aus wissenschaftlicher Gewissheit endlich politische Beschlüsse wurden – diese Trägheit kommt uns nun teuer zu stehen. Höchste Zeit also, genau hinzuhören, was die Wissenschaft uns heute über morgen zu sagen kann.

In diesem Buch berichten zehn herausragende Forschende in verständlicher Sprache vom Stand ihrer Arbeit. Ich habe sie in den Jahren 2021 und 2022 zu Gesprächen eingeladen, die wir aufgezeichnet und als »Terra X«-Podcasts veröffentlicht haben.

Vorwort

Die nun gedruckte Fassung ist nicht immer eine buchstabengetreue Wiedergabe des gesprochenen Wortes, für die Buchform sind die Gespräche gekürzt und hier und da auch in eine lesbarere Formulierung übersetzt worden, natürlich in Absprache mit den Forschenden.

Ich selbst habe bei diesen Gesprächen viel gelernt. Über den Stand der Forschung, klar, aber vor allem, dass es für komplexe Probleme keine simplen Lösungen gibt. Einfache Antworten sind das Geschäft der Populisten, nicht das der Wissenschaft.

Die Forschungsergebnisse, über die in diesem Buch gesprochen wird, machen Mut, weil sie neue Möglichkeiten aufzeigen. Und die Forschenden sind deshalb auch nicht verzagt, sondern inspirierend zuversichtlich. Sie begreifen das »Projekt Zukunft« als Chance für die Menschheit. Ganz im Sinne von Karl Popper: »Es gibt zum Optimismus keine vernünftige Alternative.«

Dirk Steffens

1

Sterben die Ozeane, Antje Boetius?

Das Leben ist im Meer entstanden. Es bietet Millionen Arten eine Heimat, wie viele es sind, weiß niemand, denn die meisten davon sind bis heute unentdeckt. Gleichzeitig könnten die Arten im Meer schneller aussterben als diejenigen an Land, so zeigen Vorhersagen. Ozeane regulieren unser Klima und sind Nahrungsgrundlage für Milliarden Menschen, die ihren Proteinbedarf großteils durch Fisch und Meeresfrüchte decken.

Aber den Meeren geht es nicht gut. Der Klimawandel heizt sie auf, der massive CO_2-Ausstoß der Menschheit lässt sie versauern, die Korallenriffe sterben, und das Abschmelzen der Polkappen und Gletscher vernichtet Lebensraum und verändert die Strömungen. Mindestens 150 Millionen Tonnen Plastikmüll verschmutzen überdies die Meere, Überfischung und Überdüngung haben die Belastungsgrenzen längst überschritten. Weil die Ozeane etwa 70 Prozent unseres Planeten bedecken und weil ohne sie das Leben, so wie wir es kennen, gar nicht möglich wäre, ist der Schutz der Meere eine der ganz großen Zukunftsfragen der Menschheit. Vielleicht sogar die wichtigste Zukunftsfrage überhaupt.

> Antje Boetius ist Tiefsee- und Polarforscherin, Direktorin des Alfred-Wegener-Instituts und damit Chefin unter anderem über die deutschen Forschungsstationen in der Arktis und der Antarktis sowie über das Forschungsschiff *Polarstern*. Studiert hat sie in Deutschland und den USA, auf Diplom und Doktortitel folgte eine Professur in Bremen. Sie hat an Dutzenden Ozeanexpeditionen auf allen Weltmeeren teilgenommen, ist Lehrbeauftragte in mehreren Ländern und Mitglied in zahlreichen nationalen und internationalen Forschungsinstitutionen. Die Zahl der bedeutenden Wissenschaftspreise, die ihr bisher verliehen wurden, liegt klar im zweistelligen Bereich. Sie sitzt in internationalen wissenschaftlichen Beiräten, ist Mitglied der Leopoldina, Max-Planck-Gesellschaft und Scientists for Future, Trägerin des Bundesverdienstkreuzes und ein ziemlich lustiger Typ. Hätte der Musiker Prince, mit dem sie schon auf der Bühne getanzt hat, ihr angeboten, gemeinsam durchzubrennen, wäre sie vielleicht nie Wissenschaftlerin geworden.

Wenn man sich deine Biografie so ansieht, stellt man fest: Mehr Forscherin geht nicht, du bist im Grunde ein Supernerd. Aber, das ist bemerkenswert, du bist nach all den Jahren und Studien

Antje Boetius

von deinem Forschungsgegenstand immer noch hemmungslos begeistert. Wann hat das angefangen?

Ich bin so geboren, würde ich sagen. Ich habe schon als Kind diese Nähe zum Ozean gespürt. Sicherlich gab es auch gefährliche oder angsterregende Situationen, die mir am oder im Meer widerfahren sind, aber wenn ich in der Nähe des Meeres bin und darüber nachdenke, wie fantastisch es ist, geht mir einfach das Herz auf. Seine Farben, der Geruch der Küste und alles, was ich schon gesehen habe vom Meer – da fühle ich mich einfach wohl. Woher das genau kommt, weiß ich nicht. Es ist in meiner DNA. Vielleicht habe ich ein bisschen mehr Fisch-DNA als andere Menschen.

Wir sollten dich mal sequenzieren, um das rauszufinden. Kannst du in einem Satz zusammenfassen, warum die Ozeane so wichtig für uns sind?

Das Leben wurde in den Meeren geboren, und es gäbe kein Leben ohne sie. Wir wissen nicht, ob noch irgendwo anders im Universum Leben existiert. Wir vermuten, dass der Ursprung des Lebens auf der Erde mit dem Wasser, mit dem Ozean zusammenhängt. Aber nicht nur das: Auch heute produziert der Ozean immer noch die Hälfte der Luft, die wir atmen. Das heißt, ohne den Ozean wäre es undenkbar, dass es uns und überhaupt das Leben, wie wir es kennen, geben würde.

Unsere Weltmeere sind also – im wahrsten Sinne des Wortes – Quelle des Lebens, weil sie Atemluft und Nahrung liefern.

Ja, das könnte man so sagen, weil im Laufe der Erdgeschichte eben frühes einzelliges Leben des Ozeans für den Sauerstoff in der Atmosphäre verantwortlich war und heute noch ist, und zwar durch seine Algen. Zu denen kommen wir sicherlich gleich. Wenn wir an pflanzliches Leben denken, fallen uns aber meist als Erstes unsere Wälder ein und vielleicht dieser Spruch: »Die Lunge der Erde ist der Regenwald«, nicht der Ozean.

Dabei sind einige Wälder mehr oder weniger sauerstoffneutral, weil sie fast so viel Sauerstoff verbrauchen, wie sie produzieren.

Genau, das muss man also trennen. Normalerweise ist die Natur im Gleichgewicht, das heißt, sie verbraucht so viel Sauerstoff, wie sie bildet. An Land sind es vor allem Gräser und Bäume, die den Sauerstoff produzieren. Im Ozean gibt es aber keine Bäume. Und trotzdem ist er für die Hälfte der Sauerstoffproduktion verantwortlich. Woher also kommt diese Kraft des Ozeans? Was sind das für Pflanzen, die diese enorme Arbeit leisten?

Es sind einzellige Algen, die uralt sind, vor allem Cyanobakterien, die schon lange da waren, bevor es überhaupt Pflanzen an Land gab. Ihnen verdanken wir einen großen Anteil an der Primärproduktion …

… das heißt, der Produktion von Biomasse aus Energie und anorganischen Stoffen …

… und damit auch an der Fähigkeit, CO_2 aufzunehmen und am Meeresboden abzuspeichern.

Über sehr lange Zeiträume, über Jahrmillionen, ist dieser Pro-

zess – der Ozean nimmt CO_2 auf, gibt Nährstoffe zurück, produziert Sauerstoff und erhält dadurch die Balance des Lebens auf der Erde – nicht gestört worden. Bis der Mensch angefangen hat, daran herumzuschrauben, dadurch, dass er weggespeicherten Kohlenstoff als Energieträger nutzt und verbrennt. Das bedeutet natürlich nicht, dass uns jetzt die Luft zum Atmen ausgeht. Dennoch ist es wichtig zu verstehen, dass es fundamentale Leistungen des Ozeans gibt, über die wir gar nicht nachdenken, die aber vorhanden sind.

Das ist der Sauerstoffkreislauf. Ganz wichtig, den zu verstehen.

Unsere Atmosphäre besteht zu etwa 21 Prozent aus Sauerstoff. Das war nicht immer so: Erst nachdem die Evolution Lebewesen hervorgebracht hatte, die zur Fotosynthese fähig waren, konnte sich das O_2 in der Luft anreichern. Im Meer begannen Cyanobakterien bereits vor drei Milliarden Jahren mit der Produktion von Sauerstoff, die ersten Landpflanzen hingegen entwickelten sich erst vor etwa 500 Millionen Jahren.

Die Entstehung der Fotosynthese war eine Sternstunde der Evolution, denn dabei spalten Bakterien mit Hilfe von Sonnenlicht Wasser und nutzen Kohlendioxid, um zu wachsen – H_2O, CO_2 und Licht transmutieren zu Biomasse. Gleichsam als Abfallprodukt dieses biochemischen Prozesses entsteht Sauerstoff.

Der wiederum ist unverzichtbar für Tiere und Menschen. Deren Körperzellen benötigen Sauerstoff, um die Energie zu erzeugen, die uns am Leben hält. Bei der kalten Verbrennung

von Nahrungsbestandteilen wie Zucker entsteht CO_2, und das wird ausgeatmet. Natürlich gibt es noch weitere wichtige Faktoren im Sauerstoffkreislauf der Erde, etwa die Vulkane, aber entscheidend sind Pflanzen, Tiere und Menschen.

Auch das Ozon ist eine Form von Sauerstoff und Teil dieses globalen Kreislaufs. Vor allem in der Stratosphäre, in etwa 20 bis 30 Kilometer Höhe, filtert es die gefährliche ultraviolette Strahlung aus dem Sonnenlicht. Zu viel von dieser Strahlung kann beispielsweise Krebs verursachen und würde unsere Existenz auf der Erde langfristig unmöglich machen. Die Stabilität des CO_2-Sauerstoff-Kreislaufes ist daher für uns eine lebenswichtige Frage.

Wenn wir uns die großen ökologischen Bedrohungen anschauen, etwa den Klimawandel, kommt diesen großen Stoffkreisläufen eine entscheidende Rolle zu. Wann hat man eigentlich angefangen, sie wissenschaftlich zu erforschen und sich mit der Bedeutung der Ozeane für die Stoffkreisläufe zu beschäftigen?

Die Frage des Kreislaufes von Atmosphäre, Gestein und Wasser gibt es schon lange, schon bei den alten Griechen. Dass wir aus dem Gleichgewicht laufen, wurde Ende des 19. Jahrhunderts postuliert. Die Rolle des Ozeans wurde dann in den 1970er-Jahren geklärt. Ich habe in den Achtzigerjahren studiert und damals versucht, mich vollzustopfen mit Wissen über die Ozeane. Zu dieser Zeit waren die Probleme des Klimawandels und der CO_2-Emissionen der Menschen schon wissenschaftlich bekannt, es war jedoch unklar, welche Rolle das Meer als Senke spielen könnte.

Bei den Berechnungen, wie viel Gas, Öl und Kohle wir Menschen verbrauchen, wie viel CO_2 wir emittieren und was der Ozean davon wieder wegschafft, fehlten irgendwie immer ein paar Gigatonnen Kohlenstoff. Das war ein Riesenthema für die Meeresforschung. Und deshalb wuchs auch das Interesse der Wissenschaft an der Funktion der Ozeane.

Ich selbst bin damals als studentische Hilfskraft von Hamburg aus auf Forschungsschiffen mitgefahren. Da ging es die ganze Zeit darum zu verstehen: Was macht der Ozean für uns Menschen? Was genau ist seine Rolle in den großen Stoffkreisläufen? Und wo bleibt das CO_2, das er aufnimmt? Können die Algen schneller wachsen und mehr Kohlenstoff in die Tiefsee transportieren? Solche globalen Fragen haben mich neben meiner Liebe zur Artenvielfalt, zur Natur und zum Leben selbst total geprägt: diese essenziellen Funktionen der Natur zu begreifen. Und dabei ist der Ozean enorm wichtig.

Einige Forschende gehen davon aus, dass wir gerade einmal ein Drittel aller Meereslebewesen erforscht haben und die restlichen zwei Drittel noch völlig unbekannt sind. Vor allem die Tiefsee ist immer noch ein weißer Fleck auf der Karte. Es waren schon mehr Menschen auf dem Mond als im tiefsten Tiefseegraben. Beschreibe uns bitte einmal: Wie sieht es da unten aus? Wie ist das, wenn du in einem Tiefsee-U-Boot sitzt und die Scheinwerfer in der totalen Finsternis angehen?

Abtauchen ist das Schönste. Meistens frage ich auf dem Weg nach unten, ob die Scheinwerfer erst einmal ausbleiben können, weil für mich der Farbwechsel ein Highlight ist, also wenn vom Blau des Meeres noch ein Restlicht da ist, das immer schwächer wird, während man ins ewige Dunkel abtaucht. Wenn dann eben keine Scheinwerfer angeschaltet sind und auch die Computer und alle Lichter an Bord aus sind, sieht man im Dunkeln die Biolumineszenz, das Selbstleuchten des Lebens. Die Biolumineszenz ist in der Tiefsee weit verbreitet: Da gibt es Fische, die leuchten, leuchtende Quallen, Krebse, Kalmare und Würmer.

Da der Ozean voll ist von leuchtendem Leben, hat man das Gefühl, Astronaut zu sein. Dieses Abtauchen ins Dunkle mit dem Selbstleuchten der Lebewesen ist, wie im All unterwegs zu sein und die Sterne funkeln zu sehen.

Wenn wir dann am Meeresboden angekommen sind – dort ist ja mein Hauptforschungsgebiet –, machen wir die Lichter natürlich wieder an. Und da sieht man dann, dass der Meeresboden, der für manche zuerst wie eine langweilige Schlammwüste aussieht, doch überall Spuren von Leben trägt, weil er über und über besiedelt ist. Würmer, Krebse, Fische – alles versteckt sich im Schlamm.

Auf den ersten Blick gibt es nicht viel Struktur am Boden der Tiefseebecken, aber wenn man genau hinsieht, erkennt man, dass sich etwa alle 40 bis 60 Kilometer die Lebensgemeinschaften und auch die Landschaft ändern. An den Mittelozeanischen Rücken können wir beobachten, wie bergige Landschaften entstehen: Durch das Aufeinandertreffen der Erdplatten bildet sich dort permanent neue ozeanische Erdkruste mit Felsen, Gräben, Bergen. Wie an Land verändern Höhenunterschiede die Besiedlung.

Aber das ist quasi alles noch Terra incognita. Es ist schon verrückt, sich das zu überlegen: 70 Prozent der Erde sind von Wasser bedeckt. Wenn man das Meer in Quadratmeterkästchen aufteilt, haben wir es bei den meisten Kästchen noch nicht einmal geschafft, einen Messpunkt zu setzen. Bis heute. Das heißt, unser Planet ist eigentlich ein fremder Planet.

Obwohl wir ihn noch nicht wirklich gut kennen, haben wir dennoch schon überall auf dem Planeten Spuren hinterlassen. Bei meinem allerersten Tiefseetauchgang setzten wir in ein paar Hundert Metern Tiefe auf dem Meeresgrund auf, in totaler Finsternis. Ich schaltete das Licht ein, und was sah ich? Eine Cola-Dose. An einem Ort, an dem noch nie ein Mensch war.

Es ist leider so: Wenn man in der Tiefsee misst, wenn man hinschaut und den Müll zählt, dann waren wir schon überall. Es gibt keinen Flecken in der Tiefsee, auf dem nicht schon Plastik oder andere Spuren von Müll angekommen sind. Etwas anderes sind die Folgen des Klimawandels. Auch dadurch wirken wir Menschen auf die Meere ein, sei es, dass sich an der Oberfläche der Meere bereits die Zusammensetzung der Artengemeinschaft verändert hat, sei es, dass die Nahrung, die Lebewesen in der Tiefsee zu sich nehmen, eine andere geworden ist.
  Die Einwirkungen unserer Zivilisation sehen wir überall. Gleichzeitig ist die Tiefsee voll von verrücktem, vielfältigem Leben. Das wir, wie gesagt, noch gar nicht in Gänze kennen. Von 2000 bis 2010 gab es den Census of Marine Life, die »Volkszählung« in den Ozeanen …

… ein Riesenprojekt. Eines der größten biowissenschaftlichen Vorhaben aller Zeiten. Du warst natürlich mit dabei …

... da haben wir versucht zu schätzen, wie viel Leben es auf der Erde eigentlich wirklich gibt, wenn wir das Meer dazurechnen, mitsamt den kleinen Lebewesen, die ja oft vergessen werden. Und wir wollten auch wissen, wie viel Unbekanntes eigentlich noch zu entdecken ist. Dazu haben wir in vielen verschiedenen Regionen des Ozeans Proben genommen, und zwar nach einer statistischen Methode, die uns erlaubt hochzurechnen, wie viel Prozente der Meereslebewesen uns noch nicht bekannt sind. Dabei ist herausgekommen: In den Meeren sind uns noch circa 90 Prozent der Tiere unbekannt, bei den Mikroben könnte es sogar um eine Milliarde unbekannter Arten geben. Das ist ein erschreckendes Ergebnis, weil wir denken, wir kennen die Erde doch mittlerweile gut genug, um nach Spuren von fremdem Leben im All zu suchen. Aber auch der Ozean hat noch jede Menge Aliens zu bieten.

Weil es, ich wiederhole mich gerne, eben überlebenswichtig ist, dass wir die Meere kennen und verstehen und schützen. Wobei – eigentlich geht es dabei gar nicht so sehr um die Meere. Es geht um uns.

Ja, letztendlich geht es um uns, weil wir so sehr von den Meeren und dem Netzwerk des Lebens abhängen. Das ist so. Eine Zahl, die ich in diesem Zusammenhang unglaublich finde, ist, dass 10 Prozent aller Menschen innerhalb eines Abstands von 100 Metern zum Meeresufer wohnen und keinen Deich dazwischen haben. 10 Prozent der Menschen bedeutet, dass bis zum Ende dieses Jahrhunderts eine Milliarde Menschen durch den Anstieg des Meeresspiegels vertrieben werden wird. Wo sollen die hin? Das sind solche krassen Zahlen, um die wir schon jetzt wissen, mit denen wir umgehen müssen.

Die Ozeane waren im Jahr 2019 so warm wie noch nie zuvor. Seit den 1960er-Jahren steigt die Meerestemperatur kontinuierlich und immer schneller an. Die Wärmeenergie, die der Mensch den Meeren in den vergangenen 25 Jahren zugeführt hat, entspricht 3,6 Milliarden Hiroshima-Atombomben. Was für eine unglaubliche Zahl! Kein Wunder, dass die Meere sich aufheizen. Aber kurioserweise gibt es auch Gebiete, in denen die Ozeane sich gleichzeitig abkühlen. Das hat uns Stefan Rahmstorf vom Potsdam-Institut für Klimafolgenforschung ungefähr so erklärt:

Im nördlichen Atlantik, südlich von Grönland, hat sich eine Atlantikregion im 20. Jahrhundert kontinuierlich abgekühlt, während ringsherum auf der Welt die Wassertemperaturen steigen. Die Forschenden nennen dieses Phänomen *cold blob,* »kalte Blase«. In einer Studie aus dem Jahr 2015 sind Stefan Rahmstorf und seine Kollegen und Kolleginnen zu dem Schluss gekommen, dass eine Abschwächung des Golfstrom-Systems dafür verantwortlich ist. Er ist so langsam geworden wie seit tausend Jahren nicht. Das hat Folgen, denn der Golfstrom transportiert riesige Wärmemengen aus dem Südatlantik über den Äquator bis vor die Küsten Grönlands. Dort wird die Wärme an die Luft abgegeben. Wenn dieses Strömungssystem nachlässt, erreicht weniger Wärme den nördlichen Atlantik, und deshalb kühlt diese Region ab – kurioserweise als Folge der globalen Erwärmung. Denn die Ursache für das Schwächeln des Golfstroms ist möglicherweise das Süßwasser von den schmelzenden Gletschern Grönlands. Der Golfstrom wird nämlich von zwei großen Kräften angetrieben: den Unterschieden in Temperatur und Salzgehalt. Fließt wie zurzeit ungewöhnlich viel Schmelzwasser ins Meer, verändert sich dessen Salzgehalt, und die globale Wasserpumpe gerät ins Stottern. Dabei kann schlimmstenfalls ein Teufelskreis entstehen: Das Wasser sinkt eigentlich im nördlichen Atlantik ab, weil es kalt und schwer ist und einen hohen Salzgehalt aufweist. Der Salzgehalt ist aber nur hoch, weil es diese Strömung gibt, die Strömung gibt es nur, weil der Salzgehalt hoch ist. Das eine geht nicht ohne das andere. Stefan Rahmstorf spricht deshalb von einem sich selbst verstärkenden Rückkopplungseffekt. Im Extremfall könnte der dazu führen, dass sich das Klima in Europa dramatisch verändert.

Ja, das ist ein so wichtiger Baustein für die Zukunftsszenarien, auf den Stefan sehr früh hingewiesen hat – er ist überhaupt einer der mutigsten Wissenschaftler, wenn es um das frühe Aufspüren möglicher Zusammenhänge zwischen unseren Emissionen und dem Verhalten des Ozeans geht. Erst einmal schimpfen dann viele, auch in der Wissenschaft, und sagen, er übertreibt – und hinterher kommt heraus: Oh ja, wir haben das nachgemessen, da ist ja doch was dran.

Ich erinnere mich noch, wie heftig Al Gore, der ehemalige US-Vizepräsident, vor über einem Jahrzehnt kritisiert wurde, als er in seinen ersten Vorträgen zur Klimakrise gesagt hat, dass der Golfstrom sich abschwächen könnte. Das wurde als vollkommen unwissenschaftlich abgetan. Jahrelang hat man dann nichts dazu gehört, und dann hieß es plötzlich: Doch, doch, der Golfstrom wird sich abschwächen. Wie kann das sein, dass die Wissenschaft erst das eine und dann das andere sagt?

Es ist eben einfach wahnsinnig schwer, Prozesse und Veränderungen im Ozean zu messen. Das fängt bei der Bestimmung an, was wir eigentlich genau mit »Golfstrom« meinen, geht über das Thema der Anzahl der Beobachtungsstationen, die überhaupt in der Lage sind, relevante Messungen vorzunehmen, und reicht bis zur Frage, welche Klimamodelle eigentlich präzise und hochauflösend genug arbeiten, um auch Phänomene wie den cold blob *abbilden zu können. Das ist nicht einfach und führt manchmal auch zu Streit in der Gemeinschaft der Ozeanografinnen und Ozeanografen.*

Dann schieß mal los: Was genau heißt es, wenn der Golfstrom sich abschwächt?

Ganz oft wird beim Thema Golfstrom an den Kinofilm »The Day After Tomorrow« gedacht, dass die Ozeanströmungen stillstehen und damit auch der Golfstrom, dass wir dann einfach überfrieren. Aber das Stillstehen geht natürlich nicht, weil die Erde sich dreht, weil die Winde wehen. Und deshalb ist es auch nicht so, dass wir uns jetzt alle entspannt zurücklehnen können, weil es so kalt wird, dass die Konsequenzen der Erderwärmung für Europa durch den cold blob *gestoppt werden. So ist das nicht.*

Im Gegenteil: Stefan Rahmstorf hat auch darauf hingewiesen, dass der cold blob *eher nicht dazu führt, dass wir es ein bisschen besser haben, weil die Temperaturen moderater oder gar nicht steigen. Es könnte sogar das Gegenteil dabei herauskommen.*

Nicht nur die Abschwächung der Strömungen ist ein Thema, sondern auch die Versauerung. Meere bilden nämlich CO_2-Senken, das heißt, sie nehmen CO_2 auf und speichern es. Zu unserem Glück. Ungefähr ein Drittel des vom Menschen ausgestoßenen Kohlendioxids schluckt der Ozean. Aber: Das Kohlendioxid verbindet sich mit dem Meerwasser teilweise zu Kohlensäure. Die Folge: Der pH-Wert des Meerwassers sinkt, das Wasser wird chemisch betrachtet saurer. Was bedeutet das genau?

Einerseits hilft es uns, dass die Meere so viel aufnehmen, doch die fatale Folge ist, dass schon heute dadurch die Korallenriffe zur Hälfte ausgebleicht sind. Korallen sind Tiere, genauer gesagt Polypen, die zusammenarbeiten mit ihren Symbionten – einzelligen Algen –, die genau wie die Pflanzen an Land Fotosynthese betreiben. Dabei fällt Futter für die Polypen ab.

Werden die Korallen aber von ihren Symbionten verlassen, bleichen sie aus und gehen schließlich ein. Die Algen verlassen ihren Wirt, wenn das Meerwasser versauert, wärmer und schmutziger wird.

Vor Papua-Neuguinea habe ich einmal mit eigenen Augen gesehen, was Meeresversauerung bedeutet. Dort gibt es einen unterseeischen Vulkan, der mit seinen Ausbrüchen das Wasser um ihn herum total versauert. Die Korallen in dieser Gegend sind alle tot. Was passiert eigentlich in einem Meer ohne Korallen?

Die Vorhersage ist, dass bis zum Ende dieses Jahrhunderts 99 Prozent der Korallen sterben werden, wenn wir die CO_2-Emissionen nicht fundamental absenken. Es würde also praktisch keine gesunden Korallenriffe mehr geben. Da denkt man traurig, okay, die schönen Korallen sind weg, das ist ja richtig Mist, das ist ja doof für den Tourismus. Aber was wir alle verstehen müssen, ist, dass Korallenriffe ein Megahabitat sind.

Es wird geschätzt, dass ungefähr jede dritte Tierart im Ozean im Verlauf ihres Lebens auf die eine oder andere Weise etwas mit einem Korallenriff zu tun hat. Entweder gehen diese Tiere dort auf Nahrungssuche. Oder sie suchen selbst Schutz darin. Sie treffen sich dort zur Vermehrung. Hier zeigt sich eine riesige Vernetzung des Lebens, die unglaublich viele Arten betrifft und zu Kettenreaktionen führen kann, wenn die Korallenriffe nicht mehr existieren.

Man kann Korallenriffe in der Hinsicht vielleicht mit Wäldern vergleichen.

Dann wäre das Sterben der Korallen im Meer ähnlich verheerend wie das Abholzen der Regenwälder an Land.

Genau so kann man das sehen.

Verheerend wäre das Verschwinden der Korallenriffe also auch deswegen, weil die zwei, drei Milliarden Menschen, die sich von Fischen und Meeresfrüchten ernähren, dann ihre wichtigste Proteinquelle verlieren würden?

Ein großes Problem neben dem Verlust von Artenvielfalt ist auch der Verlust des Schutzes durch wachsende Korallenriffe. Mit der Nahrung ist es komplexer, auch hier würde wieder vor allem die lokale Bevölkerung getroffen, die Abhängigkeit zu anderen Proteinquellen würde enorm steigen ...

... was uns zu einer unschönen Erkenntnis führt: Ohne Aquakultur, also quasi Massentierhaltung im Wasser, wird es überhaupt nicht mehr genug Fische geben, um unseren Bedarf zu decken. Wir *müssen* das machen, um zu überleben.

Es ist der helle Wahnsinn. Kaum jemand weiß das, aber mittlerweile haben wir die Produktivität der Meere – und damit zusammenhängend die Möglichkeit, Fisch nachhaltig zu fischen – so verändert, dass wir für die Deckung unseres Nahrungsbedarfs über 50 Prozent Aquakultur brauchen. Wir ersetzen die Fähigkeit der Natur, uns zu ernähren, durch technische Lösungen, die verheerende Konsequenzen haben. Siehe die Geschichte vom Lachs als Massenprodukt und seinen Krankheiten, die sich in Wildbeständen ausbreiten.

Aber es ist im Grunde das Gleiche, was wir an Land gemacht haben: Dort haben wir auch irgendwann aufgehört, Tiere im Wald zu jagen, und begonnen, Schweine zu mästen. Auch nicht ohne Folgen. Bei den Aquakulturen sehen diese Folgen so aus: Da werden Fische gezüchtet, die wir essen wollen, die wiederum mit Fischen gefüttert werden, die im Meer gefangen werden und deren Bestände dadurch zurückgehen. Wir rotten also nicht nur die Fische aus, die wir essen wollen, sondern auch jene, die diesen Fischen als Nahrung dienen.

Aber nicht nur das. Wir roden Mangrovenwälder und verändern in den kalten Fjorden, wo sich künftig die Fischfarmen befinden müssen, weil es anderswo zu warm ist, das Artengefüge, um durch Aquakultur unseren Proteinbedarf zu decken, der ja nicht gerade klein ist. Die Hälfte der Menschheit braucht Meeresnahrung, also Fisch, um 20 Prozent ihres Eiweißbedarfs zu decken. Das ist sehr viel.

Dazu braucht es also die entsprechende komplexe Forschung, nur haben wir auch in Deutschland noch nicht einmal eine umfassende Perspektive entwickelt, wie der Ozean insgesamt Teil der Lösung sein kann. Es gibt kein nachhaltiges Aquakulturkonzept in Deutschland, das die Natur und Umwelt ebenso berücksichtigt wie Arbeitsplätze, wie andere Bedarfe. Dabei gibt es so viele Chancen. Warum vertun wir die große Möglichkeit, einen Einklang zu schaffen zwischen den Möglichkeiten, die das Meer eigentlich bietet? Das hieße etwa, Windkraft, Aquakultur und nachhaltige Fischerei zusammenzudenken.

Wir sollten die Möglichkeiten nutzen, die wir in Deutschland und Europa haben, nämlich traditionelle Fischerei und nachhaltige küstennahe Fischmanufakturen zu erhalten und zu verkoppeln mit den Aufgaben im Energiesektor, mit Tourismus sowie Wissen über die Ozeane. Ein erster wichtiger Schritt ist, Windkraft, Naturschutz und Fischerei zusammenzuführen, gemeinsame Lösungen zu entwickeln.

Aber was ist mit den Schutzzonen im deutschen Seegebiet? Ich war erstaunt, als ich gehört habe, dass es marine Nationalparks gibt. Das ist doch eine wunderbare Maßnahme. Oder nicht?

Ja, endlich wird es auch dort besser; nun müssen wir die wachsenden Schutzgebiete und Schutzmaßnahmen nur noch intensiver mit Forschung begleiten, verstehen, welche Maßnahmen helfen, und dabei auch immer den gesamten Umweltzustand einschließlich Erwärmung, Müll, Lärm in den Blick nehmen. Es ist die Dekade des Ozeans und der Restauration der Ökosysteme – wir könnten da mehr schaffen.

Das hast du jetzt aber sehr diplomatisch gesagt. Ich füge hier mal ein, wie die Umweltschutzorganisation WWF den Meeresschutz in Deutschland beurteilt:

»Etwa 70 Prozent der Küstengewässer im Zuständigkeitsbereich der Küstenbundesländer sind bereits formal geschützt. In der Ausschließlichen Wirtschaftszone (AWZ, die Meeresfläche jenseits des Küstenmeeres bis zur 200-Seemeilen-Grenze), für die die Bundesregierung zuständig ist, beträgt der Anteil rund 30 Prozent. Fasst man Küstenmeer und AWZ zusammen, sind insgesamt etwa 45 Prozent der deutschen Meeresfläche als Schutzgebiete ausgewiesen. Diese Flächen sind somit gesetzlich geschützte Gebiete, in denen ein angemessener Schutz von Tieren wie Schweinswalen und Vögeln, von Lebensräumen wie mit Wasser bedeckten Sandbänken und Riffen mit ihren Lebensgemeinschaften und Naturprozessen vor Beein-

> trächtigungen durch gefährdende Nutzungen und Eingriffe zu gewährleisten ist. … Trotz der Verpflichtung durch die EU, bis Ende 2013 in den Natura-2000-Gebieten Schutzmaßnahmen für die Schutzgüter einzuführen, sind für die Meeresschutzgebiete (insbesondere die marinen Natura-2000-Gebiete in der AWZ) bisher kaum oder keine Managementpläne verabschiedet worden, die die unterschiedlichen Nutzungen und Eingriffe zugunsten des Naturschutzes regeln. Hierzu gehören insbesondere die kommerzielle sowie die Sportfischerei, Extraktion von Öl, Gas, Sand und Kies sowie die Schifffahrt.«

Also im Klartext: Wir haben zwar Schutzgebiete, aber in diesen Schutzgebieten ist bisher fast alles erlaubt, sogar der Kiesabbau, nur weil es keine Pläne gibt, in denen steht, was eigentlich wie geschützt werden soll?

Ja, es ist traurig, wie wenig bisher tatsächlich bei uns erreicht wurde. Denn wenn wir nicht schaffen, auch selbst einmal etwas zu leisten in Bezug auf Meeresschutz, können wir auch nicht anderen Ländern auf der Erde sagen: Macht das mal schön ordentlich mit den Riffen und Fischen. Wir können es nicht vor unserer Haustür oder in unseren Lieferketten, aber ihr sollt es bitte schaffen. So geht das nicht.

Wie geht es dann? Diese Widersprüchlichkeit zwischen dem, was wir wissen, und dem, was wir wollen, ist vielleicht der Kern des Problems. Kennst du das nicht auch von dir selbst?

Wir fühlen und wollen etwas, aber können dann doch nicht das Richtige tun. Dabei geht es jedoch auch immer um den politischen Rahmen. Es muss Freude machen, leichtfallen, sich natur-, klima- und umweltschützend zu verhalten, es darf nicht das Teure, Unbequeme, Lästige sein – und dafür braucht es Regeln und ein ökonomisches Prinzip.

Vielleicht ist die Zögerlichkeit beim Naturschutz aber auch einfach eine Frage der Kommunikation. Denn, ganz ehrlich, sogar ich bin manchmal genervt von den ganzen negativen Erzählungen, weil ich das Gefühl habe, dass sie unglaublich viel Angst schüren. Es ist doch auch eine Frage der Art und Weise, wie berichtet wird.

Es ist aber richtig, dass sie Angst machen. Wir müssen ja die Wahrheit sagen. Und die Wahrheit ist: Das, was da in Form von sich aufeinander aufbauenden, aufschaukelnden Krisen kommt, ist fürchterlich. Wir würden doch lügen, wenn wir sagen, na ja, wir haben ja noch Zeit, so um 2030 können wir vielleicht mal ein bisschen mehr mit Wasserstoff hantieren. Natürlich gibt es viele Lösungen und Hoffnung – aber klar zu wissen, was wir nicht wollen, was wir fürchten, hilft doch Prioritäten zu setzen.

Was würde sich denn verbessern in unserem Leben, wenn wir wirklich nachhaltig wirtschaften, leben, arbeiten?

Ich denke, dazu gehört es ganz zentral zu verstehen, dass wir dringend aus dem Krisenmodus herauskommen müssen. Anders gesagt: Wir müssen endlich verstehen, dass sich unser Leben ent-

scheidend verbessert, wenn wir mehr im Gleichgewicht mit dem Klima und der Natur leben. Es wäre eine Wohltat, den Krieg mit der Natur zu beenden. Dann hätten wir Zeit für andere Dinge und empfänden ein Wohlgefühl deshalb, weil wir wüssten, dass es eben nicht so ist, dass unsere Existenz Korallen vernichtet oder die Menschenaffen vor unseren Augen wegsterben lässt.

Wir haben die Chance, es anders zu machen. Deswegen bin ich auch der Meinung, dass wir keine blumigen Erzählungen benötigen, sondern die Wahrheit. Denn wir haben die Wahl: Hier ist der eine Pfad, da der andere. Welchen schlagen wir ein?

Das ist für mich eigentlich die richtige Art und Weise, mit Menschen zu sprechen.

Vielleicht würde es auch helfen, klarer zu machen, dass wir Menschen ebenfalls ein Teil der großen, natürlichen Kreisläufe sind. Für mich jedenfalls war es ein Schlüsselmoment, als ich zu verstehen begann, welche großen Kreisläufe da draußen wirken und wie die verschiedenen Mechanismen der Natur ineinandergreifen und voneinander abhängen. Dass alles mit allem verbunden ist. Ein großes Gefühl. Kennst du das?

Ja, mir geht es manchmal so, dass ich von einer Art innerem Glück überfallen werde, wenn ich draußen in der Natur bin. Wenn auf dem Schiff auf einmal ein Wal neben mir auftaucht und ich ihm ins Auge schaue. Oder wenn sich in der Tiefsee ein Tintenfisch ans Bullauge des U-Boots klebt und nicht mehr loslässt. Da spüre ich die Vernetzung mit dem anderen Leben, da bekomme ich fast so ein heiliges Gefühl.

Ja, manchmal können Naturerfahrungen auch spirituell sein.

Ich glaube ja. Und ich denke, dass es gut ist, wenn man so etwas spürt, dass es einem hilft, sich verbunden zu fühlen.
    Ein anderes Beispiel ist das Schwimmen. Ich weiß nicht, ob du das auch kennst. Ich schwimme wahnsinnig gerne und traue mich auch in ziemlich hohe Wellen. Das war schon als Kind so. Wenn ich schwimme, und die Wellen schmeißen und tragen mich, tunken mich unter und heben mich wieder hoch, dann trägt mich der Ozean. Das ist auch ein ganz, ganz besonderes Gefühl.

Es heißt ja manchmal, man solle den Dingen ihre Geheimnisse lassen, damit sie ihren Zauber behalten. Mir geht es aber oft genau andersherum. Je mehr ich über die Natur weiß, desto zauberhafter wird sie für mich.

Absolut. So geht es mir auch. Wenn man versucht, etwas vollständig zu verstehen, etwa das eigenartige Leben eines Anglerfisches in der Tiefsee oder eines Tiefseewurms. Oder das von Mikroben.
    Ich habe in meinem Leben sehr viel Zeit damit verbracht, besondere Mikroben des Ozeans, das heißt Mikroorganismen, Bakterien oder Archaeen, zu verstehen. Wie funktionieren die? Oft sind die Einzeller der Schlüssel für das Verständnis von Stoffkreisläufen und Netzwerken, von Kooperation. Da fühle ich mich dann verbunden. Und das ist in meinen Augen das Besondere an Wissen als Produkt der wissenschaftlichen Arbeit, dass auf Basis aller notwendigen Neutralität beim Forschen dennoch bedeutet, dass ich mich in eine Beziehung setze mit all diesem unbekannten Leben.

Antje Boetius

Das letzte Mal, als wir länger miteinander gesprochen haben, war ich auf der Neumayer-Station in der Antarktis. Eines eurer Projekte, das mich dort am meisten begeistert hat, richtig sinnlich begeistert hat, ist dieses: ein Loch zu bohren in dieses wirklich dicke Eis und dann an einem langen Kabel ein Mikrofon durch dieses Loch so weit hinunterzulassen, bis es nach vielen, vielen Metern Eis ins offene Wasser eintaucht.

Als Laie denkt man natürlich, dass es unter diesem jahrtausendealten Eis, unter der Schelfeiskante, vergleichsweise still sein müsste. Aber nichts da. Als deine Kolleginnen und Kollegen den Lautsprecher angestellt haben, hörte es sich an, als ginge da unten eine tierische Party ab. Wie in einem Nachtclub.

Ja, das ist wirklich irre. Ich liebe dieses und andere Projekte, die völlig unbekanntes Leben finden. Und gerade die Unterwassergeräusche sind hier bedeutsam, sie zeigen uns die Spuren von Lebewesen, die wir nicht sehen können. Wir nehmen mittlerweile also die Soundlandschaften, die Soundscapes des Ozeans auf. Denn es ist ja total logisch, dass in einem dunklen Raum, in dem man praktisch nichts sieht, der Sound essenziell ist. So wie in unseren Clubs auch. Und dass tief unten im Meer, wo man eben nichts sehen kann, vor allem über Geräusche kommuniziert wird, dass so viel mehr Lebewesen Töne, Geräusche, Schallwellen zur Kommunikation und Orientierung nutzen, das ist wichtig.

Das ist das eine, die Kommunikation. Das andere ist, dass die Meeresgeräusche noch nie richtig systematisch erfasst wurden. Und durch unser Projekt wollen wir jetzt, in unserer sich schnell verändernden Welt, in der der Lärm, der menschliche Lärm, auch in den Meeren stark zunimmt, durch Verkehr und seismisches Schießen etwa, festhalten, wie sich die Meere eigentlich natürlicherweise anhören, wie der stille Ozean klingt.

Die meisten von uns kennen Walgesänge. Aber dieses Klicken und diese sphärischen Geräusche habe ich vorher noch nie gehört. Was ist das alles?

Es gibt da unten alle möglichen Arten von Geräuschen. Es gibt etwa die Ortungsgeräusche. Ganz viele Meeressäuger orten über Klickgeräusche. Und dann gibt es die Kommunikation: Signale geben, etwas erzählen. Wahrscheinlich auch bei der Suche nach Liebe. Es ist ja klar, dass die Kommunikation – zum Beispiel der Wale – etwas mit Partnerschaft und gegenseitigem Versichern zu tun hat: Bist du noch da? Ja, ich bin noch da. Wir sind zusammen. Sozialer Zusammenhalt, etwa in Herden, wird über Geräusche simuliert.

Es gibt ganz viel Kommunikation, und zwar nicht nur unter Meeressäugern, sondern auch unter anderen Tieren wie Fischen oder Krebsen. Man weiß mittlerweile sogar, dass Quallen Hörorgane oder Hörsinne haben.

Was wir dann auf der Antarktisstation gemacht haben: Wir haben uns mit diesen Soundfiles in die Funkerbude gesetzt, uns mit Bier versorgt und alle Lichter ausgemacht. Die Party bestand dann darin, dass wir im Dunkeln saßen und uns die tollsten Sounds von unter dem antarktischen Eis angehört haben. Das war ein absoluter Flash.

Und all das wollen wir genau verstehen. Ich habe da so eine wilde Idee. Ich beschäftige mich natürlich auch mit der Entdeckung von

Leben im All und würde der Raumfahrt so gerne sagen: Nehmt doch einfach, solange ihr noch keine Aliens entdeckt habt, mit denen wir kommunizieren können, die Mittel, die ihr habt, und setzt sie dafür ein, dass wir die Meerestiere verstehen, dass wir ihnen zuhören und lernen, wie sie kommunizieren. Das könnten wir doch machen, während wir auf Aliens warten.

Das wäre eine Riesensache.

Und ich bin mir sicher, dass wir von den Tieren lernen würden. Etwa von den Delfinen. Die erstellen ja quasi mit Klicklauten und auch per Schallwellen ein Bild ihrer Umgebung oder eines Fisches, den sie jagen, oder eines anderen Delfins. Ich habe gelesen, dass blinde Menschen das auch lernen können. Wir Menschen könnten vielleicht überhaupt von den Delfinen noch besser lernen, wie wir uns ohne unseren Sehsinn orientieren und ein Bild gewinnen können.

Und damit bin ich bei einem Punkt, der mir so wichtig ist: nämlich immer wieder zu sagen, die Meere sind ein Teil der Erde, sie gehören zu uns.

Wir Menschen sind undenkbar ohne Ozeane und Küsten, aber wir scheren uns praktisch nicht um sie. Was ist da draußen los? Wie verändern wir die Ozeane? Was geben sie uns? Wie wird in ihnen kommuniziert? Was können wir von den Ozeanen lernen? Was können wir dort noch entdecken? Da warten wunderbare Lösungen auf uns.

Warum in den Weltraum fliegen, wenn die Erde so fantastisch ist. Antje, vielen Dank für deine Gedanken.

2

Wird auf der Erde die Erde knapp, Andrea Beste?

Nur noch 60 Ernten – dann ist Schluss. Dann gibt die Erde nichts mehr her, weil sie erschöpft ist. Versiegelung, Erosion, Verdichtung, Verschmutzung und Übernutzung führen zum Boden-Burn-out, warnt eine Studie der UN-Landwirtschaftsorganisation FAO.

So unglaublich es klingt: Auf der Erde wird die Erde knapp. Nur 20 bis 30 Zentimeter dick ist die fruchtbare Humusschicht im Durchschnitt. Und nur in dieser dünnen Schicht wächst all das, was uns ernährt und am Leben hält. Ist sie einmal weg, lässt sie sich kaum noch ersetzen, es dauert nämlich eine halbe Ewigkeit, bis neuer, fruchtbarer Boden entsteht. Für einen einzigen Meter braucht die Natur schon mal 15 000 Jahre.

Laut UN verlieren wir etwa alle fünf Sekunden das Äquivalent eines Fußballfeldes, zehn Millionen Hektar pro Jahr mit Milliarden Tonnen Erde. In Deutschland werden an jedem Tag des Jahres mehr als 70 Hektar Boden versiegelt, weil Straßen,

Häuser oder Fabriken gebaut werden. Ungefähr ein Drittel der gesamten Landfläche auf der Erde ist bereits degradiert, das heißt durch Baumaßnahmen, Intensivlandwirtschaft, Entwaldung oder andere Nutzungsformen in seiner biologischen Leistungsfähigkeit beeinträchtigt. Wenn sich nichts ändert, warnt die UN, könnte es in etwa 60 Jahren so weit sein: die letzte Ernte.

> Die Agrarwissenschaftlerin und Diplom-Geografin Dr. Andrea Beste ist eine der renommiertesten Bodenexpertinnen Deutschlands. Sie ist Gründerin des Büros für Bodenschutz und Ökologische Agrarkultur und berät das Europäische Parlament, den Deutschen Bundestag, verschiedene Länderparlamente sowie die Lebensmittelindustrie und Agrarverbände in den Bereichen Agrar- und Umweltpolitik. Seit 2017 gehört sie der beratenden Expertengruppe zum ökologischen Landbau der EU-Kommission an. Sie liebt den Geruch von nasser Erde und findet, gesunder Boden muss aussehen wie Popcorn mit Honig.

Popcorn mit Honig?

Ja, das stammt von mir.
Diese Beschreibung benutze ich seit über 20 Jahren in meinen Bodenseminaren. Damit bezeichne ich eine positive Bodenstruktur, auch in Abgrenzung zu einer negativen.

Dann ist die Bezeichnung »schokoladige Bodenstruktur« auch von dir?

Ganz richtig, das ist genau der Gegensatz. Der positive Boden sieht aus wie Popcorn mit Honig. Und der Gegensatz ist ein Boden, der an Schokolade erinnert, je mehr, desto schlechter ist die Bodenstruktur. Das ist das Beispiel, das ich auch in meinen Publikationen benutze.

Popcorn mit Honig also. Das merken wir uns.
Kannst du guten Boden eigentlich auch am Geschmack erkennen? Ich habe einmal eine Feldforscherin gesehen, die an den Böden geleckt hat, um ihre Qualität zu bestimmen.

Vielleicht hatte sie auf der Zunge eine richtig gute Antenne für so etwas. Da bin ich überfragt. Aber was ich zum Beispiel toll finde, ist, dass man gesunden Boden, auf den es gerade ein ganz kleines bisschen geregnet hat, riechen kann. Dieser Geruch ist eine ganz fantastische Angelegenheit. Und ich glaube, jeder, der als Kind mit Oma oder Opa im Gemüsegarten gearbeitet hat und die Chance hatte, gesunden Boden zu riechen, wird diesen Geruch nicht vergessen.

Dieser fruchtbare Boden unter unseren Füßen, der uns ernährt und am Leben hält, dieser Boden ist gar nicht so reichlich vorhanden. Schon in etwa 60 Jahren geben unsere Felder nichts mehr her, befürchten die Expertinnen und Experten der Vereinten Nationen. Das ist ganz schön bald, quasi morgen. Ich kann das kaum glauben. Was ist dran an dieser Zahl?

Das ist eine Zahl, die Maria Helena Semedo, die stellvertretende Generaldirektorin der Ernährungs- und Landwirtschaftsorganisation der Vereinten Nationen (FAO), 2016 geäußert hat. Und zwar in Zusammenhang mit der Veröffentlichung eines FAO-Berichts über Land- und Bodendegradation.

Halt, kurzer Stopp. Das ist ein wichtiger Begriff, der muss erklärt werden.

Land- und Bodendegradation bedeutet, dass die Qualität des Bodens sinkt und damit auch die Leistungen, die dieser Boden für uns Menschen erbringen kann, etwa in Form einer guten Ernte. Laut Definition der Vereinten Nationen können sechs spezifische Phänomene dazu beitragen: Wassererosion, Winderosion, Vernässung und Versalzung, chemische Degradation, physikalische Degradation und biologische Degradation. Bodendegradation kann natürliche Ursachen haben, ist aber in zunehmendem Maße vom Menschen verursacht. Einseitiger Anbau, falsche Bewässerung, Einsatz von Pestiziden, Versiegelung durch Bebauung oder übermäßige Nutzung als Folge von Bevölkerungswachstum stören das biologische Gleichgewicht und können Böden unbrauchbar machen. Besonders in Entwicklungsländern sind sehr viele Menschen davon betroffen, da hier mehr Menschen noch direkt in der Landwirtschaft tätig sind und die Böden der meisten Tropenländer sehr viel empfindlicher sind als unsere. (Quelle: BMZ)

Degradierte Böden können die Ökosystemdienstleistungen, also Leistungen, die uns Menschen von der Natur bereitgestellt werden, nicht mehr oder nur noch eingeschränkt erbringen. Dazu gehören: Wasserspeicherung, Wasserreinigung, Pflanzenwachstum in der Land- und Forstwirtschaft, Klimaregulierung, Lebensraumbereitstellung für Pflanzen und Tiere sowie die Bewahrung der Nährstoffkreisläufe.

Dieser Verlust an Ökosystemdienstleistungen des Bodens ist, das gilt es zu beachten, kein gemessener Wert. Den wird man in dem vorgestellten Bericht auch nicht finden, weder als Skala noch als gemessene Kurve.

Weil es eben eine Prognose ist. Da gibt es noch nichts zu messen.

Genau. Und deswegen ist die Äußerung von Maria Helena Semedo, dass wir nur noch 60 Ernten hätten, ein sehr realistisch in Szene gesetztes Zukunftsszenario. Vor allem aber ist der Zusammenhang wichtig, in dem sie diese Aussage getroffen hat: Wenn wir nichts an unserer Landbewirtschaftung ändern, werden wir nur noch 60 Ernten haben. Das heißt, wenn wir die Art und Weise, wie wir heute mit Boden umgehen, beibehalten, dann, und nur dann, nimmt sie an, dass wir nur noch etwa 60 Ernten haben.

Es ist dann aber zumindest eine plausible Annahme. Wenn dem wirklich so ist, reden wir hier doch über ein globales Katastrophenszenario. Wenn die Böden in ungefähr 60 Jahren nichts mehr hergeben, wäre das das Ende der Welt, zumindest der Welt, wie wir sie kennen.

Im Prinzip haben wir diese Lage schon heute in vielen subtropischen und tropischen Ländern. Dort ist die Bodendegradation bereits so massiv, dass die Böden nicht mehr das hergeben, was die Menschen zum Überleben brauchen. Auch dann nicht, wenn sie Subsistenzwirtschaft betreiben, also auf ihrem eigenen kleinen Fleckchen Erde nur Lebensmittel für sich selbst produzieren und kaum etwas davon weiterverkaufen. Selbst das klappt in vielen subtropischen und tropischen Ländern nicht mehr.

Wir hier in den mittleren Breiten nehmen das Ganze noch nicht so deutlich wahr, weil wir relativ, ich sage einmal, geduldige Böden haben. Das heißt, wir haben relativ fruchtbare Böden, die eine sehr hohe Resilienz besitzen, eine sehr hohe Widerstandsfähigkeit gegen jede Art von negativer Beeinflussung. Diese Böden kamen relativ lange mit dem klar, was wir seit etwa 50 Jahren mit ihnen machen, nämlich sie intensivst zu düngen, mineralisch zu düngen und intensivst mit Agrarchemikalien zu behandeln.

Wenn man die Böden mit Dünger behandelt, kommt bis jetzt immer noch etwas heraus. Ob das die entsprechende Qualität hat und ob die so gewonnene Nahrung gesund ist, ist eine andere Frage.

Aber wir können an den Erntemengen noch nichts ablesen, was uns in Panik versetzen würde. Allerdings gehen die Weizenerträge, die der globale Messwert für die Qualität des Bodens sind, in Mitteleuropa seit Jahren leicht zurück.

Kein Mensch redet darüber, dass die Weizenernte zurückgeht, weil die Böden weniger hergeben.

Wenige Menschen reden darüber, und viele Menschen hören das nicht so gerne.

Es ist aber ein Fakt, dass die Weizenerträge inzwischen zurückgehen und dass unsere Böden – und ich beschäftige mich ja nun seit über 25 Jahren damit – definitiv nicht mehr so leistungsfähig sind wie noch vor 25 Jahren.

Die Bodenfruchtbarkeit verringert sich, der Humusgehalt in unseren Böden sinkt, und die natürliche Fruchtbarkeit und Resilienz gehen ebenfalls zurück. Und das bedeutet nicht nur, dass wir weniger oder schlechteres Essen bekommen, sondern es bedeutet definitiv auch, dass wir weniger Ökosystemdienstleistungen der Böden haben.

Ziemlich deprimierende Aussichten, die uns vollkommen vergessen lassen, dass der Boden im Grunde eine Art Zauberstoff ist, weil er tote Materie in Leben verwandelt. Das kann sonst nichts und niemand. Hier zeigt sich das Grundprinzip des Lebens selbst. Kannst du uns erklären, wie das funktioniert? Wie wird aus so etwas wie einem Stein durch biologisch-chemische Prozesse etwas Lebendiges?

Gucken wir uns einmal einen Stein an. Der bekommt durch Temperaturschwankungen, also etwa durch Frostsprengung, Risse. Das bedeutet, dass Wasser in winzige Risse oder an porösen Stellen des Steins einsickert und dort im Winter verbleibt. Dann fallen die Temperaturen, es kommt der Frost, das Wasser gefriert, wird dadurch voluminöser und breitet sich aus, bis es den Stein sprengt.

Kurz gesagt: Im Lauf der Zeit zerbröseln die Steine, sie werden immer kleiner.

Hinzu kommt, dass durch Wind, aber auch durch Vögel und Vogelkot Bakterien und Kleinstorganismen in diese Ritzen gelangen und in die Böden eingebracht werden. Obendrauf fällt Regen. Da entsteht dann saures Milieu. Das heißt, dass dort auch durch chemische Prozesse Verwitterung stattfindet. Und die Bakterien zerbröseln den Stein ebenfalls weiter.

Irgendwann kommen dann die sogenannten Pionierpflanzen, die darauf spezialisiert sind, auf solchen Steinen wachsen zu können. Wir selbst würden in diesem Stadium noch überhaupt keinen Boden sehen.

Diese Pflanzen verändern die Chemie des Bodens und zersetzen auch die Steine weiter, richtig?

Richtig. Die Pionierpflanzen haben nämlich ganz bestimmte sogenannte Wurzelexsudate, also Stoffe, die ihre Wurzeln abgeben, die wiederum die chemische Verwitterung verstärken und dadurch im kleinen Maßstab genau die gleiche Zerbröselungsarbeit machen wie etwa die Frostsprengung im großen Maßstab.

Irgendwann sterben diese Pflanzen ab. In diesem Moment haben wir das erste Mal organisches Material. Dieser Vorgang wiederholt sich dann viele Male, jahrelang, jahrtausendelang. Es dauert 20 000 bis 200 000 Jahre, bis sich Boden aus Gestein gebildet hat. Im Ergebnis erhalten wir ein Gemisch aus mineralischen und organischen Bestandteilen. Das erste ist der Detritus, das zweite der Humus, über den so oft gesprochen wird.

Aus Steinen wird Leben – ein Wunder, ein richtiges Wunder. Nur leider ein vergängliches, denn Erde ist lebendig, sie ist empfindlich, sie reagiert auf neue Einflüsse, zum Beispiel den Eintrag zusätzlicher Nährstoffe durch Düngung. Eigentlich eine gute Sache, die jahrtausendelang auch wunderbar funktionierte.

Als Dünger bezeichnet man Stoffe, die das Nährstoffangebot im Boden erhöhen, damit Pflanzen schneller wachsen und höhere Erträge abwerfen. Die wichtigsten Bestandteile der meisten mineralischen Düngemittel sind Stickstoff, Phosphor und Kalium. Schon vor Jahrtausenden begannen die Menschen, ihre Felder zu düngen, zunächst fast ausschließlich mit Fäkalien von Tieren und Menschen. Im 19. Jahrhundert wurden zusätzlich auch Asche, Kalk und Mergel ausgestreut. Als bester Dünger galt seinerzeit Guano, der sich aus Exkrementen von Seevögeln bildet. Die Guano-Vorkommen waren allerdings begrenzt, was bei wachsender Nachfrage zum Problem wurde.

Anfang des 20. Jahrhunderts entwickelten die Chemiker Fritz Haber und Carl Bosch eine Methode, mit der massenhaft Ammoniak hergestellt werden konnte, die Grundlage für Kunstdünger. Sie wurde als »Brot aus Luft«-Methode gefeiert. Das Haber-Bosch-Verfahren führte schließlich zur sogenannten »grünen Revolution«, der sprunghaften Steigerung der Nahrungsmittelproduktion. Angesichts der schnell wachsenden Weltbevölkerung war die Steigerung der Erträge lange das wichtigste Instrument bei der Bekämpfung des Hungers.

Das Haber-Bosch-Verfahren wird ja im Grunde bis heute intensiv genutzt, obwohl es massive Nachteile hat.

Ja, es ist eine sehr energieaufwendige Methode, die heute auch in Bezug auf den Klimawandel und die Klimadiskussion stark kritisiert werden muss. Aber unser Thema ist der Boden, und da ist es so, dass der Stickstoff, der mithilfe des Haber-Bosch-Verfahrens konzentriert und in nichtorganischer Form großflächig in die Böden eingebracht wird, enorme Probleme bereitet. Er zerstört zum einen nämlich die Mykorrhiza-Pilze, die in Symbiose mit den Pflanzen leben und diese über die Wurzeln mit Nährstoffen und Wasser versorgen. Zum anderen beeinträchtigt er die Bodenlebewesen und macht die Ackerpflanzen krank.

Denn wenn Pflanzen mit derartig viel Stickstoff gedüngt werden – das steht schon in uralten landwirtschaftlichen Lehrbüchern, und ich habe das auch im Studium noch gelernt, es wurde später aber anscheinend überblättert –, wenn also die Pflanzen intensivst gedüngt werden, werden sie schwach. Sie bilden ein schwammiges Gewebe aus und sind anfällig für Schädlinge. Und genau da setzt dann ein sich selbst verstärkender Negativzyklus ein. Weil die Pflanzen anfälliger werden und weil sie zusätzlich nur auf Ertrag gezüchtet sind statt auf Widerstandsfähigkeit, müssen sie gespritzt werden, und das steigert sich sukzessive: mehr Dünger, engere Fruchtfolgen, kranke Pflanzen, weniger Nützlinge, mehr Schädlinge, mehr Pestizide.

Ein Teufelskreis, auch weil die so wichtigen Bodenlebewesen geschwächt werden, was wiederum einen höheren Einsatz an Stickstoff nach sich zieht, da die Pflanzen anfälliger für Schädlinge sind, was die Bodenlebewesen erneut schwächt, was wiederum ... und so weiter und so fort.

Man hat schon relativ früh gemerkt, dass der Einsatz von chemischem Dünger zwar den Ertrag der Pflanzen steigert, aber komplett an den Bodenlebewesen vorbeigeht. Das heißt, die Bodenlebewesen werden von diesem chemischen Dünger gar nicht ernährt. Der geht direkt zur Nutzpflanze.

Und diese Bodenlebewesen stellen sich ja nicht irgendwo beim Arbeitsamt an und melden sich arbeitslos, sondern sterben einfach ab. Und sobald sie abgestorben sind, produzieren sie auch keine gesunde Bodenstruktur mehr. Das hat dann noch ganz andere Folgeeffekte.

Wir müssen einen Moment beim Düngen bleiben. Den Gipfel der Folgeschäden haben wir nämlich noch nicht erreicht. Denn neben dem Stickstoff wird eine weitere Chemikalie beim Düngen eingesetzt: Phosphat. Und die Überlastung mit diesen beiden Stoffen setzt die Ökosysteme erheblich unter Stress.

Stickstoff und Phosphat werden in derartiger Intensität und Menge in die Ökosysteme entlassen, dass die Ökosysteme damit nicht mehr klarkommen. Die beiden Stoffe werden daraufhin verlagert, und dort, wohin sie verlagert werden, killen sie die Ökosysteme. Eine Folge ist auch die Überdüngung der Meere. Das sieht dann so aus, dass sich dort riesige Algenteppiche bilden und sogenannte Todeszonen im Wasser entstehen.

Es wird so massiv gedüngt, dass Dünger durch Regen aus den Feldern ausgewaschen wird und über die Flüsse ins Meer gelangt. Dort entwickeln sich daraufhin die sogenannten Todeszonen – die bereits unglaubliche Ausmaße erreicht haben, auch vor unserer Haustür: Die Todeszone in der Ostsee etwa ist doppelt so groß wie Dänemark. Und Todeszone heißt, in dieser Zone lebt im Wasser und am Meeresboden nichts, absolut nichts mehr, was Sauerstoff für den Stoffwechsel braucht. Keine Fische, keine Krebse, nichts.

Wir können bis hierhin festhalten: Kunstdünger und zu viel Gülle ist eines der großen Probleme für die Böden. Ein anderes ist die Erosion des Bodens. Da hat sich mir ein Bild eingebrannt, und zwar das des kilometerweit rotbraun verfärbten Meeres vor Madagaskar. Durch die Abholzung der Wälder wird dort in unglaublichen Mengen Erde ins Meer gespült. Auf weiten Flächen wächst kaum noch etwas.

Wie schlimm ist das Problem der Erosion, global betrachtet? Und wie sehr betrifft es auch uns hier in Europa?

Mir sind die Zahlen für Europa sehr präsent, weil ich über das Problem der Erosion in Europa erst kürzlich eine Studie geschrieben habe und weil ich sehr viel mit europäischen Bezugsgrößen arbeite. Ein Wert ist da sehr prägnant: Der Bodenverlust im Lauf eines Jahres in Europa beträgt so viel, als würde man die Stadt Berlin jedes Jahr einen Meter tiefer setzen.

Das ist ja eine Katastrophe.

Natürlich ist das eine Katastrophe. Allerdings ist das hier, wo wir sind, also in Mitteleuropa, weniger sichtbar. Wenn man über die Felder läuft, sieht man zwar schon zum Teil die Rillen auf den Äckern, wenn es Starkregen gegeben hat. Doch die bemerkt man im Prinzip nur, wenn man Experte ist.

Gleichzeitig muss ich hier anmerken, dass man beim Bodenschutz im landwirtschaftlichen Bereich in den letzten Jahren sensibler geworden ist. Man hat das Problem dort zumindest erkannt.

Ich packe den Verlust an Boden jetzt noch einmal in eine Zahl, damit auch wirklich deutlich wird, worüber wir hier sprechen: Etwa eine Milliarde Tonnen Boden verliert Europa jedes Jahr. Eine Milliarde pro Jahr. Das ist nicht nur für die Landwirtschaft schlimm. Es begünstigt zum Beispiel auch Flutkatastrophen. Die schlechtere Bodenqualität führt nämlich nicht nur zu Erosion, sondern auch zu Verdichtung, und verdichtete Böden können kein Wasser mehr speichern, sodass dieses – mit dem Boden – in die Täler fließt. Hochwasserkatastrophen sind die Folge.

Ein Kubikmeter gesunder Lössboden könnte 200 Liter Wasser aufnehmen. Das ist sehr viel – und wenn der verdichtet oder weg ist … puh, das ist schlimm. Was lässt sich dagegen machen?

Ich kann nur immer wieder sagen: Wurzeln, Wurzeln, Wurzeln. Wir brauchen Pflanzenwurzeln im Boden. Und wenn die Wurzeln der Hauptfrüchte erst einmal im Boden sind, kann man eine Untersaat säen. Die wächst, wenn die Hauptfrucht abgeerntet ist, schlägt Wurzeln und bildet so einen Schutz vor Erosion. Oder man sät Zwischenfrüchte. Oder baut Mischkulturen wie Mais und Bohnen an. Die beiden Pflanzen ergänzen sich ideal, sie reproduzieren deutlich mehr Humus und vermeiden Erosion. Mais alleine ist die Erosionsfrucht.

Das nächste Problem klingt zunächst banal: Wir trampeln auf unseren Böden herum. Wie sollte es auch anders sein, ist da der berechtigte Einwand: Schwerkraft! Das Problem: Wir trampeln nicht nur, wir fahren auch mit immer größeren Maschinen herum, die sehr, sehr schwer sind und unsere Böden förmlich erdrücken.

Genau: die Verdichtung der Böden. Das ist wirklich ein Problem. Und es hat tatsächlich auch etwas mit den schweren Geräten zu tun, die wir auf unseren Äckern benutzen, aber nicht nur.

Die Trecker …

… die immer größer werden. Auf der Straße gibt es, was das Gewicht der Fahrzeuge betrifft, Grenzwerte. Fahrzeuge auf einer Straße dürfen nicht schwerer als 40 Tonnen sein. Auf dem Acker gibt es solche Grenzwerte nicht.

Da möchte ich kurz eine erstaunliche Zahl einwerfen. 1917 brachte ein Traktor ein Eigengewicht von circa eineinviertel Tonnen auf die Waage. Ein Traktor heute drückt mit bis zu 40 Tonnen auf den Boden. Für den toten Asphalt gelten also Grenzwerte, für die lebendige Erde jedoch nicht?

Ja. Gute Frage, nächste Frage.

Was genau ist bei der Verdichtung das Problem? Hier ist, was ich darüber weiß: Boden ist eigentlich porös. Und in diesen

Poren, den kleinen Zwischenräumen, sammeln sich Wasser und Luft. Wenn nun etwa schwere Traktoren über die lockeren Böden fahren, drücken sie die Zwischenräume zusammen, der Boden wird dichter und dichter und dichter. So dicht, dass keine Luft und kein Wasser mehr darin Platz finden.

Ja, was jedoch ganz wichtig ist und häufig vergessen wird, ist, dass die Verdichtung der Ackerböden ihre Ursache nicht allein in den schweren landwirtschaftlichen Geräten hat, etwa auch den immer größer werdenden Gülletanks.

Verdichtung entsteht eigentlich durch zu wenig Vielfalt, durch zu wenig Leben. Das heißt: Wieder einmal liegt die Ursache des Problems darin, dass das Leben im Boden zurückgeht. Das haben wir schon beim Problem der Düngung gesehen. Wenn man den Acker falsch düngt oder zu wenige verschiedene Pflanzen anbaut, haben die Bodenlebewesen nichts mehr zu tun und vor allem nichts mehr zu fressen, sie sterben einfach. Das tun sie auch, wenn Boden verdichtet.

Ich habe Äcker gesehen, bei denen man eigentlich denken würde, dass so der Boden unter der Startbahn des Frankfurter Flughafens aussieht. Diese Äcker waren aber noch in Bewirtschaftung, obwohl sie quasi tot waren. Nach dem Motto: Da streu ich Dünger drauf und bekomme meine Ernte.

Wenn aber die Bodenorganismen nicht mehr da sind, produzieren sie auch keine Bodenstruktur mehr. Und dann entsteht irgendwann so etwas wie eine asphaltierte Straße im Boden.

Komplett leblos.

Richtig. Und der Verlust an Leben hat nichts mit dem Einsatz einer bestimmten Technik zu tun, der man dann die Schuld zuschieben könnte. Nein, er hat etwas mit falschem Bodenmanagement zu tun. Das ist ganz, ganz wichtig. Denn wir dürfen die Bodenorganismen nicht vergessen: das Bodenmikrobiom. Das sind eigentlich unsere Mitarbeiter, die besten Mitarbeiter, die wir haben. Sie sorgen dafür, dass der Boden fruchtbar und widerstandsfähig bleibt, sie schützen vor Erosion, sie schützen vor Hochwasser. Sie leisten einen entscheidenden Beitrag für die Nahrungsmittelproduktion auf unseren Äckern, für unseren Ertrag, aber auch für uns als ganze Gesellschaft. Sie sind außerdem dafür verantwortlich, dass wir sauberes Trinkwasser haben. Die Reihe ließe sich endlos fortsetzen.

Die Bodenorganismen werden einfach nach wie vor viel zu sehr übersehen, auch bei der Formulierung der Biodiversitätsstrategien. Da muss man immer ganz laut rufen, dass man die Biodiversität unter der Oberfläche bitte nicht vergessen soll.

Bodenlebewesen schließen den Kreislauf des Lebens. Wenn Pflanzen, Tiere und Pilze sterben, werden sie von ihnen zersetzt, sodass daraus wieder Nährstoffe für neue Pflanzen entstehen. So speist das alte Leben immer wieder neues.

Der Fachausdruck für alles, was im Boden lebt, ist Edaphon. Kleine und kleinste Tiere etwa, die *Mikrofauna*, höchstens 0,2 Millimeter groß. Dazu zählen Geißel- und Wimperntierchen, Fadenwürmer und Einzeller. Sie fressen Pilze und Bakterien und düngen mit ihren Ausscheidungen die Pflanzen. Die Tiere der *Mesofauna* sind etwas größer, immerhin bis zu zwei Millimeter groß. Springschwänze, Milben oder Fadenwürmer. Sie fressen die kleineren, binden Nährstoffe und Wasser und sind Beute für die *Makrofauna*. Dazu gehören beispielsweise Schnecken, Spinnen, Asseln und Käfer. Weil sie vergleichsweise groß sind, über zwei Millimeter, verstoffwechseln sie auch viel Nahrung und sind deshalb die Leistungsträger bei den Abbauprozessen im Boden. Noch größer sind die Tiere der *Megafauna*. Der bei Gärtnern beliebteste Vertreter dieser Klasse ist der Regenwurm, weil er bei der sogenannten Bioturbation den ganzen Boden auflockert und verbessert. Maulwürfe, Mäuse und weitere »Mega«-Tiere komplettieren das Edaphon. (Quelle: NABU)

Und all diese unterirdischen Wesen leiden unter der Verdichtung. Wie viel Fläche ist eigentlich davon betroffen? Über welche Dimensionen reden wir?

Ich habe natürlich nicht alle Flächen in Deutschland selbst beprobt. Ich habe mir aber über 500 Flächen in Deutschland und Mitteleuropa angeschaut. Und da gibt es einen sehr deutlichen Zusammenhang zwischen dem Zustand der Böden und der Bewirtschaftung, die darauf stattgefunden hat. Wenn ich mir jetzt anschaue, auf wie vielen anderen Flächen genau diese Bewirtschaftung im Moment noch praktiziert wird, dann würde ich sagen, dass mindestens 60 bis 70 Prozent unserer Flächen von dieser beginnenden Degradation betroffen sind. 60 bis 70 Prozent unserer ackerbaulich genutzten Flächen.

Fast zwei Drittel. Beginnende Degradation bedeutet aber nicht, dass diese Flächen schon tot oder völlig kaputt sind, nein, es heißt: Die Qualität dieser Böden ist dabei abzunehmen. Haben wir denn damit die Probleme alle angesprochen, oder hast du noch eines in petto?

Na ja, ich denke, wir haben bis hierhin schon ein schönes Szenario an Katastrophen beisammen. Dem könnten wir doch jetzt etwas Positives entgegensetzen.

Eine Katastrophe hätte ich aber noch.

Welche denn?

Die Auswirkungen der Klimakrise auf die Böden.

Natürlich hat die Klimakrise einen negativen Einfluss auf unsere Böden, weil sie die Herausforderungen, mit denen wir es zu tun haben, noch verschlimmert. Starkregenereignisse erzeugen mehr Erosion, immer länger und intensiver werdende Dürrephasen lassen nicht nur die Pflanzen absterben und die Ernten zurückgehen, sondern sorgen letztendlich auch dafür, dass die Bodenorganismen absterben und der Humus abnimmt.

Das sind alles sehr große Herausforderungen für die Landwirtschaft. Ein Ansatz, diesen Herausforderungen zu begegnen, ist die landwirtschaftliche Bewirtschaftung nach dem Konzept der Permakultur.

Permakultur in der Landwirtschaft bedeutet, natürliche Ökosysteme und Kreisläufe möglichst exakt nachzuahmen. Sie stellt eine nachhaltige Bewirtschaftung dar und wird sowohl in Privatgärten als auch in mittelgroßen landwirtschaftlichen Betrieben praktiziert. Ziel der Permakultur ist es, eine dauerhafte Bewirtschaftung zu gewährleisten, ohne mit chemischen Pflanzenschutzmitteln oder Wachstumsbeschleunigern in die natürlichen Prozesse einzugreifen. Im Mittelpunkt steht dabei die Kultivierung eines fruchtbaren, artenreichen Bodens, etwa durch nachhaltige Beweidung, ökologische Düngung und Bepflanzung mit aufeinander abgestimmten Arten. Alle Teile des ökologischen Systems werden dabei miteinbezogen: Die Kühe auf der Weide zum Beispiel werden mithilfe eines ganzheitlichen Weidemanagements *(holistic grazing management)* gehalten, in dem Aspekte von Klimaschutz, Bodenfruchtbarkeit und Tierwohl vereint werden. Sie verbessern gleichzeitig die Versorgung der Bodenorganismen mit Nährstoffen. Ein Agroforststreifen am Rand der bewirtschafteten Fläche, bestehend aus Bäumen, Sträuchern und Blumen, bietet nicht nur einer Vielzahl von Nützlingen Raum, auch der Boden des Felds, an das er grenzt, profitiert über die verschiedenen Wurzellängen. Mit solchen Ansätzen soll Nachhaltigkeit bei hohen Erträgen erzielt werden.

Andrea, was sagst du zum Ansatz der Permakultur?

Also, zunächst einmal wäre die Idee, mit dem Ökolandbau anzufangen, schon einmal keine dumme. Aber man kann noch deut-

lich weiter gehen als das, was wir hier in Mitteleuropa in Sachen Ökolandbau kennen. Permakultur tut dies. Es ist eine Anbauform, bei der man Pflanzen, die jährlich wachsen und geerntet werden, mit dauerwachsenden Pflanzen auf einer Fläche so miteinander kombiniert, dass sie sich gegenseitig positiv beeinflussen.

Das heißt in der Konsequenz, Menschen, Pflanzen und Tiere so miteinander zu vernetzen, dass alle gut davon leben können.

Genau. Dieser Ansatz bedeutet, dass für alle Pflanzen und Lebewesen auf dieser Fläche letztendlich eine Win-win-Situation entsteht. Sie beeinflussen sich gegenseitig im Ökosystem positiv, auch dadurch, dass sie die Nützlings-Schädlings-Balance aufrechterhalten. »Schädling« ist ja ohnehin ein Wort, das der Mensch sich ausgedacht hat. Eigentlich hat alles in der Natur einen Sinn. Auch die sogenannten Schädlinge. Aber hier ist natürlich die Balance sehr wichtig. Und die hat der Mensch versucht zu steuern und damit aus dem Gleichgewicht gebracht, weil er zunächst nur auf die Ernte fixiert war und nicht auf das System.

Permakultur stellt diese Balance letztlich wieder her. Das sieht in jedem Ökosystem, in jedem Klima, in jeder Klimaregion naturgemäß ein klein wenig anders aus. Permakultur ist eine fantastische Idee und sozusagen der nächste logische Schritt nach dem, was wir Agroforstwirtschaft nennen. Hinter diesem Begriff verbirgt sich im Grunde eine einfache Methode, denn es werden eigentlich nur einige dauerwachsende Bäume auf das Grünland oder in den Acker gestellt, um dort bestimmte positive Sachen zu bewirken. Permakultur geht dann einen Schritt weiter. Auch wirtschaftlich, denn in den Tropen etwa werden mit der Perma-

kultur deutlich höhere Ernten erwirtschaftet als mit konventioneller Landwirtschaft.

Halten wir fest: Der Schlüssel liegt darin, alternative, neue und gesündere Arten von Landwirtschaft zu betreiben. Die Welternährungsorganisation sieht das übrigens ähnlich. Sie sagt, dass sich die industrielle Landwirtschaft ändern muss. Klar, denken wir da, auf die Bauern und Bäuerinnen schimpfen ist ja auch leicht. Aber was ist eigentlich mit jedem einzelnen von uns? Wir tragen doch genauso Verantwortung für unsere Böden, in unseren Gärten beispielsweise.

Ach, unsere Gärten … vor meinem inneren Auge sehen ich da viel Steinwüste: zugepflasterte Vorgärten, zubetonierte Erde, Kieselsteine noch und noch. Dazu gibt es ein tolles Projekt im Internet, mittlerweile auch als Buch: »Gärten des Grauens«.

Nüchtern betrachtet ist dieser haltlose Einsatz von Stein, Beton und Asphalt eine völlig verantwortungslose, krasse Angelegenheit, denn da geht es nicht nur um unsere Böden, sondern auch um Artenvielfalt. Ein solcher Garten, wenn man ihn denn überhaupt noch so nennen will, ist das komplette Gegenteil von einem verwilderten Naturgarten vor oder hinter dem Haus. Da habe ich eine große Artenvielfalt, da habe ich ein Ökosystem, da habe ich eine Luftkühlung, eine Kühlung in der Siedlung, in der ich lebe.

Auch in Städten würde eine naturgerechte Bepflanzung zur Kühlung beitragen, zur Verdunstung, zur Wasserversickerung, zu einem ausgeglichenen Klima. Das wissen wir heute alle. Wir bepflanzen in den Städten sogar schon die Mauern und Dächer der Häuser. Das sieht gut aus und nützt uns.

Die Holländer sind in dieser Hinsicht relativ weit, aber die haben noch weniger Bodenfläche als wir, und viele Menschen drängen sich auf wenig Land. Da kommt man schon eher auf solche Ideen. Außerdem gibt es dort ziemlich viel Wasser. Wenn es stark regnet, wissen die gar nicht mehr, wohin damit. So entstehen wenigstens ein paar innovative Ideen.

Ich fasse zusammen: Steingärten sind Orte das Grauens, weil sie schlimm aussehen und der Natur und damit uns allen schaden. Ein gepflegter englischer Rasen ist allerdings auch nicht viel besser. Lieber ein bisschen wilder, oder?

Auf jeden Fall. Eine wilde Blumenwiese zum Beispiel. Meine Mutter etwa hat eine hinter ihrem Haus. Die Nachbarn gucken da manchmal ein bisschen schräg, weil ihr Garten so völlig anders aussieht als die üblichen Gärten.

Aber diese Wiese ist eine Wohltat für die Natur und letztlich auch für uns. Sie ist eine Minioase mit einer etwas ungeordneten, aber unglaublichen Vielfalt. Ich glaube, solche Orte brauchen wir alle. Wir sind es doch eigentlich leid, fast nur auf Asphalt und zwischen Beton und viel zu vielen parkenden Autos herumzulaufen, oder?

Keine Frage. Andrea, ich danke dir für deine Gedanken.

3

Ist unser Wald noch zu retten, Michael Müller?

Im Wald kann man den Verstand verlieren und die Seele finden. Viel besser als mit den Worten des schottischen Naturphilosophen John Muir lässt sich das liebevoll-zerrissene Verhältnis der Deutschen zu ihrem Wald kaum beschreiben.

Der Waldkult ist uns in die Wiege gelegt. Schon den Germanen war der Wald heilig, sie glaubten, der Weltenbaum Yggdrasil stütze den Himmel, sie weihten die Eiche ihrem Donnergott Thor und die Linde der Liebesgöttin Freya. Während die Germanen ihre Wälder verehrten, flößte er Fremden eher Angst ein. Der römische Historiker Tacitus fand sie schauerlich, Sümpfe überall. Ein Bild, das sich festsetzte: der Wald als Ort, wo wilde Tiere und Räuber lauern, Dämonen und Geister wohnen. Im Mittelalter entstanden Sagen und Märchen, in denen es vor Drachen, bösen Wölfen und hinterhältigen Hexen nur so wimmelte. Die Romantik räumte mit den alten Mythen auf und schuf einen neuen Mythos: der Wald als

Sehnsuchtsort und Seelenlandschaft. Lyriker wie Joseph von Eichendorff dichteten und fabulierten den Wald in die Herzen der Deutschen.

Schluss mit der Romantik war allerdings im Zuge der Industrialisierung. Deutschland wäre von Natur aus fast vollständig von Wald bedeckt, tatsächlich ist der größte Teil jedoch der Landwirtschaft, Städten, Dörfern, Straßen und all den anderen Formen des modernen Flächenverbrauchs zum Opfer gefallen. Nur ein knappes Drittel unseres Landes ist heute noch von Bäumen bewachsen. Der Wald ist jetzt Holz, ist Ressource, ist Geld. Da ist kein Platz mehr für Liebesgöttinnen, nicht mal mehr für Rotkäppchen und den bösen Wolf.

Umweltbewegung, saurer Regen und Waldsterben haben dem Wald inzwischen seinen Platz im kollektiven Bewusstsein zurückgegeben. Er ist heute wieder ein Sehnsuchtsort, in den wir uns begeben, um den Verstand zu verlieren und die Seele zu finden.

Aber ... dem Wald geht es schlecht. Sehr schlecht. Insbesondere die Klimakrise setzt ihm übel zu. Mit speziellen Mikrofonen kann man sogar hören, wie durstende Bäume nach Wasser schreien. Sie rufen um Hilfe.

Michael Müller ist Professor für Waldschutz der Fachrichtung Forstwissenschaften an der TU Dresden. Seine Arbeitsschwerpunkte sind Waldschutz, Waldökologie und Holzschutz. Er hat Waldarbeiter gelernt und dann Forstwissenschaften studiert. Sein ganzes Arbeitsleben lang hat er sich mit dem Wald beschäftigt. Davor ist er im Wald aufgewachsen. Und wenn er mal frei hat, geht Michael Müller auch in den Wald: zum Jagen.

Du bist in der Lausitz aufgewachsen, wo deine Mutter Geflügelzüchterin war und dein Vater als Förster arbeitete. Können wir uns das so richtig kitschig vorstellen? Der kleine Michael den ganzen Tag mit Mama auf dem Hof bei den Tieren und mit Papa im Wald?

Die Försterei war das letzte Haus am Ortsrand von Jamlitz. Dort bin ich aufgewachsen. Und ich hatte insofern eine fantastische Kindheit und Jugend – abgesehen davon, dass die Schule sehr gut lief –, als ich so nah am Wald lebte. Auch nah am Wasser, denn Jamlitz liegt in einer wasserreichen Gegend, auch wenn die Kiefernwälder trocken sind.

Trotz dieser Idylle wollte dein Vater aber nicht, dass du ebenfalls Förster wirst, richtig?

Na ja, als es bei meinem Bruder und mir um die Berufswahl ging, erschien der Beruf des Försters nicht empfehlenswert, weil die Arbeit des Revierförsters in der DDR im Vergleich zu anderen Berufen recht schlecht bezahlt war. Die Erfahrung habe ich dann später auch gemacht: Als Waldarbeiter verdiente ich 1983 tatsächlich nur vier DDR-Mark weniger als 1990 in meinem letzten Monat als wissenschaftlicher Assistent an der Professur für Forstschutz.

Obwohl du ein komplettes Studium brauchtest, um diese Assistentenstelle zu bekommen ...

Am Ende war es aber schon so, dass die Familie meinen Berufswunsch maximal unterstützt hat. Es war eben wirklich mein Wunsch und meine Entscheidung, und es war die Leidenschaft, sich mit all dem zu beschäftigen. Neben der Waldwirtschaft war das auch die Jagd. In erster Linie aber ging es mir darum, Wald zu verstehen, Wald zu bewirtschaften und darum, Wald zu vermitteln.

Wenn wir über den Wald sprechen, dann reden wir über einen Ort, der emotional aufgeladen ist, den die einen idealisieren, die anderen nur als Ressource betrachten. Wenn jemand wie du, der einen analytischen, fast schon chirurgischen Blick auf den Wald hat, durch den Wald läuft und auf Menschen trifft, die »waldbaden«, Bäume umarmen und Amulette zwischen den Wurzeln einer Eiche vergraben – was denkst du dann?

Das ist ja kein neues Phänomen, auch wenn die aktuelle Literatur das suggeriert: Waldschule, Waldpädagogik, Bäume umarmen, Bäume erleben ... An Bäumen hören, das haben wir übrigens schon in meiner Kindheit gemacht. In den 1990er-Jahren wurde all das in der Waldpädagogik professionalisiert. Solche Dinge gibt es also schon sehr lange.
Ich halte es grundsätzlich für eine gute Idee, sich damit auseinanderzusetzen, dass wir Teil der Natur sind, dass wir die Natur berühren möchten, um diese Verbindung zu spüren. Das ist für

mich gar keine Frage. Wir sollten das aber nicht zu sehr romantisieren und vor allem nicht vermenschlichen.

Wo ziehen wir die Grenze? Die Grenze zwischen Wissenschaft, der Waldwissenschaft, und Waldliebe, Naturerleben, Naturzuwendung und der im Extremfall esoterischen Verkitschung von Wald?

Ich kann dazu nur so viel sagen: Wenn wir als Menschen zu emotional an den Wald herangehen, gefährden wir letzten Endes unsere eigene Existenz. Wichtig ist, dass wir uns als ein Objekt in diesem System verstehen, das dort berechtigterweise mitwirkt und sich etwa davon ernährt, eben daran teilnimmt, um selbst zu leben.

Das heißt für mich zum Beispiel auch, dass es keine Unterschiede zwischen Tieren, Pflanzen und Pilzen und letztlich uns Menschen gibt. Das sind allesamt sehr komplexe Organismen. Und es bedeutet für mich überdies, dass wir Menschen diese anderen komplexen Organismen respektieren sollten.

Auch wenn wir etwa die Kommunikation der Bäume untereinander nicht wahrnehmen können, müssen wir sie respektieren. Denn was können die Bäume dafür, dass unsere Sinnesorgane offensichtlich zu primitiv sind, um diesen Austausch zu hören, zu sehen oder zu riechen?

Bäume kommunizieren ja wirklich miteinander. Wenn sie beispielsweise von einem Insekt angefressen werden, produzieren sie Abwehrstoffe, unter anderem Tannine. Es gibt Nachweise – weniger belastbare aus Mitteleuropa, sehr belastbare aus den Tropen –, dass die Nachbarpflanzen das mitbekommen und selbst anfangen, Abwehrstoffe zu produzieren, obwohl sie noch gar nicht betroffen sind.

Es gibt also Kommunikationen, nur sind wir Menschen leider unfähig, sie wahrzunehmen. Insofern dürfen wir uns unserer Gefühlswelt nicht komplett überlassen, denn dann kommen wir mit unserer eigenen Existenz nicht mehr zurecht. Wir sind nun einmal Allesfresser und müssen uns einordnen. Vor allem aber sind wir vernunftbegabt, woran ich allerdings manchmal meine Zweifel habe …

Wichtig ist auch, unsere Grenzen zu kennen. Nur der Mensch ist zur Selbstzerstörung in der Lage. Insekten oder andere Tiere gehen nie so weit. Wir Menschen neigen leider ein bisschen dazu. Deswegen müssen wir aufpassen.

Du liebst den Wald, bist in erster Linie aber ein nüchterner Wissenschaftler und ein Mann klarer Worte. 2020 hast du in der Bundespressekonferenz vor der bedrohlichen Lage gewarnt. In den vergangenen 200 Jahren habe man keine so großen Schäden am deutschen Wald gesehen wie jetzt. Das waren deine Worte. Müssen wir damit rechnen, dass unser Wald bald weg ist?

Nein, selbstverständlich nicht. In Deutschland ist Wald auf der Landfläche die ursprünglichste Vegetationsform mit Ausnahme des direkten Küstenstreifens, offener Felsen und der Gebirge oberhalb der Waldzone. Solange wir ein humides, sprich feuchtes Klima behalten, wird dort auch weiter von Natur aus Wald existieren.

Wenn wir Menschen einfach verschwinden würden, wie sähe die Sukzession aus, was für eine Landschaft würde der biologische Entwicklungsprozess aus Deutschland machen?

Der Wald würde sich alle Flächen zurückerobern, auf denen wir jetzt als Menschen leben. Die Waldformation, also die Gestalt des Waldes, würde selbstverständlich anders aussehen als die heutigen Wälder. Aber es würde überall auf der Landfläche, mit Ausnahme von Stellen, wo er nicht gedeihen kann, Wald geben.

Wir haben heute kranke Wälder. Stichwort »Waldsterben 2.0«. Wie schätzt du als Waldwissenschaftler die heutige Situation des deutschen Waldes denn ein? Ist er wirklich todkrank?

Ich würde gerne etwas anders anfangen, denn es wird meist nur nach den Missständen gefragt. Die sind fast schon überpräsent, auch dadurch, dass die Medien sich auf sie stürzen. Deshalb würde ich gerne erst einmal drei positive Dinge zum Thema Wald sagen.

Gute Idee, leg los.

Das Erste ist, dass wir, obwohl wir aufgrund der Schäden, von denen noch zu sprechen sein wird, hohe Holzverluste verbuchen mussten, noch nie so viel Holz im Wald stehen hatten wie im Augenblick.
Das Zweite ist, dass der Wald der Gesellschaft noch niemals zuvor so viele Erholungs- und auch Schutzleistungen ganz verschiedener Art zur Verfügung gestellt hat wie heute.

Und das Dritte ist, dass der Waldumbau erfreulicherweise schon seit mehr als 40 Jahren ein Riesenthema ist, seitdem vollzogen wird, nun aber zusätzliche Aufmerksamkeit erfährt. Gerade aufgrund der Schadenssituation wird stark danach gerufen.

In dem Zusammenhang möchte ich daran erinnern, dass Waldwissenschaftler und Waldwirtschafter schon vor mindestens 150 Jahren – und das ist dokumentiert – dazu aufgefordert haben, die Wälder zu verändern.

Es gab in Deutschland bereits zwei Perioden des Waldumbaus und der naturnahen Waldbewirtschaftung, und zwar in den 1920er- und in den 1950er- und 1960er-Jahren, sowohl in der Bundesrepublik als auch in der DDR. Aber diese Versuche sind letztlich an gesellschaftlichen Forderungen gescheitert.

Aktuell befinden wir uns ebenfalls in einer Umbauperiode, die seit den 1980er-, spätestens 1990er-Jahren läuft. Die dazugehörigen Programme wurden auch durchgeführt. Das kann man im Wald an den sehr vielen erfolgreichen Waldverjüngungen sehen.

Schön, dass du mit dem Positiven angefangen hast. Dabei wollen wir erst einmal bleiben. Wir werden später noch genug Bedrückendes über den Wald hören. Lass uns also die drei Punkte, die du genannt hast, vertiefen.

Punkt 1: die Holzmenge. Du hast gesagt, es steht so viel Holz im Wald wie nie zuvor. Heißt das anders formuliert: Wir haben mehr Wald als früher?

So kann man das nicht sagen. Auf der Fläche, die heute von Wald eingenommen ist, steht mehr Holz als früher, ja. Aber sie umfasst nur ein Drittel der gesamten Landesfläche. Auf der übrigen Flä-

che hat der Mensch den Wald beseitigt, um andere Infrastrukturen zu schaffen oder Landwirtschaft zu betreiben. Auf dem einen Drittel Waldfläche aber steht, was die Holzmenge betrifft, mehr Holz, als das von Natur aus der Fall wäre. Das liegt an der Bewirtschaftung.

Das heißt, dass die Bäume dort dichter gesetzt sind. Dort gibt es mehr Holz, aber nicht unbedingt mehr Wald. Das ist ja nicht zwingend dasselbe, richtig?

Das wird bedauerlicherweise zu oft in dieser Weise vereinfacht. Die Waldbesitzerinnen und Waldbesitzer sind eben leider rechtlich dazu verdammt, in ihrem Wald nur mit Holz Geld verdienen zu dürfen. Sie dürfen die eben schon erwähnten Erholungs- und Schutzleistungen nicht in Rechnung stellen. Das ist ein riesiger Konstruktionsfehler, der hoffentlich bald – die Richtung ist ja schon eingeschlagen – behoben wird.

Andere Einkommensmöglichkeiten als Holz haben Waldbesitzende nicht?

So ist es.
Es gibt zwar so etwas wie den Vertragsnaturschutz. Aber diese Anteile sind zu vernachlässigen. Sie spielen auf der Einnahmeseite der Waldbesitzerinnen und Waldbesitzer keine Rolle. Hinzu kommt, dass sie auch ein bisschen Waldsaatgut vertreiben können, wenn die Waldbestände über eine entsprechend gute Qualität verfügen. Und es kommen null Komma etwas Prozent aus der Jagd hinzu.

Ansonsten gilt: Das Holz dominiert vollständig, weit über 95 Prozent der Einnahmen werden aus dem Verkauf des Holzes generiert. Einnahmen aus Schutz- und Erholungsleistungen sind im Grunde nicht möglich.

Man muss kein Waldwissenschaftler sein, um sich vorstellen zu können, dass die Wälder anders bewirtschaftet würden, wenn es weitere Einkommensquellen geben dürfte.

Ja, selbstverständlich. Und darüber hinaus würden wir damit nur dem entsprechen, was sich unsere Gesellschaft sowieso als Aufgabe gestellt hat, nämlich naturnäher und nachhaltiger mit unserem Lebensraum umzugehen. Es ist eigentlich erstaunlich, dass die Waldbesitzerinnen und Waldbesitzer dennoch die heute von uns allen konsumierten Erholungs- und Schutzleistungen hervorbringen und uns erlauben, den Wald aller Eigentumsformen, mit Ausnahme einiger Schutzgebiete, frei und jederzeit betreten zu dürfen. Es braucht noch eine Menge politischen Willens, öffentlicher Anerkennung und ökonomischer Anreize, damit sich das auch in der Bewirtschaftung des Waldes niederschlägt. Ein selbst regulierendes System, in dem sich die gesellschaftlichen Zielsetzungen im Zustand des Waldes spiegeln, wäre natürlich die entsprechende Belohnung.

Lass uns zu deinem zweiten Punkt kommen. Wir haben ihn ja gerade schon über Bande angesprochen: die Erholungs- und Schutzleistung der Wälder.
Dass sie unsere grünen Lungen sind, hört und liest man allenthalben. Auch wenn das so simpel gesagt gar nicht unbe-

dingt stimmt. Erklär doch bitte einmal aus wissenschaftlicher Sicht, was die Wälder für uns leisten.

Es gibt in den Rechtsvorschriften und allen möglichen anderen Veröffentlichungen zum Thema Wald natürlich Äußerungen zu den Leistungen, die Wälder erbringen. Die fasst man in den Gesetzestexten üblicherweise unter Nutz-, Schutz- und Erholungsfunktionen zusammen. Aber das klingt jetzt so abstrakt und zeichnet überhaupt kein konkretes Bild.

Vielleicht sollten wir uns deswegen lieber die Frage stellen, welche Folgen es hätte, wenn der Wald und die Leistungen, die er in den letzten, sagen wir, zehn, 20 Jahren erbracht hat, von heute auf morgen weg wären.

In einem sehr städtischen Lebensraum würde man einige Dinge vielleicht nicht sofort merken, außer dass das Wasser aus der Leitung nicht mehr die Qualität hätte, wie wenn es denn aus dem Wald kommt.

Auf jeden Fall würden in vielen Gebäuden die Decken und Dachstühle einstürzen, weil die tragenden Holzbalken nicht mehr da wären. Alle Möbel wären weg, zumindest alle aus Holz. Alle möglichen Papiere könnten nicht mehr hergestellt werden.

Und es gäbe im Grunde keine Tiere, Pflanzen und Pilze mehr. Denn die Organismen, die in Mitteleuropa auf der Landfläche vorkommen, sind zum allergrößten Teil Waldorganismen.

Im ländlichen Raum wären die Folgen katastrophal. Dazu muss man wissen, dass heute im sogenannten Wald-Holz-Komplex mehr Menschen arbeiten als in der gesamten Automobilindustrie Deutschlands.

Michael Müller

Was kaum ein Mensch weiß. Schon wieder eine große Wissenslücke zum Thema Wald. Wälder filtern Wasser. Sie tragen dazu bei, unsere Atmosphäre mit dem notwendigen Sauerstoff anzureichern. Darüber hinaus – das ist natürlich etwas, was im Moment besonders intensiv diskutiert wird – sind sie aber auch eine Kohlenstoffsenke. Oder um es einfach zu sagen: Sie mildern die Klimakrise ab.

Wälder sind natürliche Kohlenstoffsenken, und das bedeutet: Sie entziehen der Atmosphäre Kohlendioxid und binden es, bis es, etwa beim Verbrennen von Holz, wieder freigesetzt wird. Solange das CO_2 gebunden ist, kann es den Klimawandel nicht beschleunigen.

Um wachsen zu können, müssen Bäume Kohlenstoffdioxid aufnehmen. Sie ernähren sich nämlich durch Fotosynthese, also durch einen biochemischen Vorgang, der Wasser, Sonnenlicht und Kohlendioxid in Blätter, Zweige und Stämme verwandelt. Solange also ein Wald wächst und dabei mehr Biomasse zulegt, als durch Verbrennen oder Verrotten verloren geht, nimmt er mehr CO_2 auf als er abgibt, er bildet dann eine Kohlenstoffsenke.

Der deutsche Wald speichert nach Angaben der sogenannten Kohlenstoffinventur von 2017 etwa 1,2 Milliarden Tonnen Kohlenstoff in der lebendigen Biomasse. Weitere 33,6 Millionen Tonnen stecken im Totholz. Unterm Strich leisten die Bäume dadurch einen wichtigen Beitrag für das Erreichen der nationalen Klimaziele, denn sie entziehen der Atmosphäre jährlich etwa 62 Millionen Tonnen CO_2.

Ich würde gerne noch einen Aspekt ergänzen, wenn wir über den Beitrag sprechen, den die Wälder als Bremsen des Klimawandels leisten. Die Waldwirtschaft hat nämlich auch deswegen eine ausgesprochen positive CO_2-Bilanz, weil durch sie Materialien, die ausgesprochen klimaschädlich sind, ersetzt werden. Durch den Einsatz von Holz etwa im Bauwesen wird zum Beispiel die Verwendung von hochenergetisch hergestellten Metallen oder von Beton – dessen Herstellung extrem klimaschädlich ist, da dabei sehr hohe Mengen an CO_2 freigesetzt werden – substituiert. Auch das fällt unter die Schutzleistung, die Wälder für uns Menschen und die Natur erbringen.

Damit bleibt uns noch ein Punkt auf deiner Positivliste: der Waldumbau. Die Waldwirtschaft muss ja in ganz anderen zeitlichen Dimensionen denken als andere Wirtschaftsbereiche. Auch in anderen zeitlichen Dimensionen, als wir alle das in unserem Privatleben machen, wo wir meist nur Wochen, Monate oder höchstens ein paar Jahre im Voraus planen. Wer über Wälder nachdenkt, trifft Entscheidungen, die erst in Jahrzehnten Früchte tragen. Es gilt also, generationsübergreifend zu denken.

Was bedeutet Waldumbau aber konkret? Pflanzt man, wenn man den Wald verändern will, andere Baumarten an? Durchmischt man die Bäume anders als vorher?

Ja, aber das ist nur ein Teil. Beim Waldumbau geht es auch um horizontale und vertikale Strukturen, um Lebensräume für Waldorganismen, um spezielle Funktionen von Wäldern und vieles andere mehr. Die Mischung der Bäume ist das, was für jeden, der im Wald unterwegs ist, augenscheinlich und relativ einfach zu sehen ist.

Man sieht zum Beispiel weniger Fichten als früher.

Richtig. Das Wichtigste ist, dass man, um den Wald umzubauen, stärker der natürlichen Entwicklung folgt und beispielsweise keine Kahlschläge mehr vornimmt. Wir haben in Deutschland die Kahlschlagwirtschaft vor über 30 Jahren abgeschafft. Es gibt sie nur noch, wenn sie durch Stürme oder andere Schadensereignisse erzwungen wird.

Wir gehen heute anders vor: Es werden einzelne Bäume an einzelnen Plätzen geerntet und möglichst durch natürliche Verjüngung ersetzt, nur notfalls neu gepflanzt. Dabei ist zu bedenken, dass wir damit natürlich auch das Licht im Wald steuern, was sehr wichtig für das Pflanzenwachstum ist. Ebenso das Wasserangebot, also welche Mengen an Grund- und Oberflächenwasser potenziell genutzt werden können. Wenn weniger Wasser da ist, müssen wir dafür sorgen, dass weniger »Verbraucher« da sind, damit für die Pflanzen ausreichend Wasser zur Verfügung steht. Das Einfachste, was Waldbesucher entdecken können, ist, dass etwa im Schutz der noch vorhandenen Fichten- und Kiefernwälder die Baumarten der Bergmischwälder, also vor allem Buchen, Tannen und Eichen sowie viele andere Mischbaumarten heranwachsen. Wir versuchen, Baumarten durch Naturverjüngungen oder Kunstverjüngungen an die Standorte zu bringen, an denen sie hinsichtlich Nährkraft, Wasserversorgung und Klima auch naturnah vorkommen würden.

Ein Schlüssel des Waldumbaus ist also die Waldverjüngung.

Am besten selbstverständlich durch Naturverjüngung, also von ganz allein, aber auch durch Saat, weil die Wurzeln sich dann ungestört entwickeln können oder aber, wenn die Mutterbäume fehlen, durch Pflanzung.

Diese Art des Waldumbaus ist schon seit Langem als die sinnvollste erkannt, aber sie dauert eben. Ich habe selbst in leitender Funktion ein solches Waldumbauprogramm begleitet, nämlich das für Brandenburg. Es ist auf 50 Jahre ausgelegt, und trotzdem wissen wir, dass diese 50 Jahre nur etwa die Hälfte dessen sind, was wir tatsächlich vor uns haben.

Da können wir jetzt wirklich von einer Jahrhundertaufgabe sprechen. Aber nach dem, was gut läuft und schon passiert, müssen wir jetzt auch über die anderen Themen sprechen. Dem Wald geht es schlecht. Das ist eine Tatsache, zu der es auch offizielle Zahlen gibt. Und die findet man im Waldzustandsbericht. Alle vier Jahre unterrichtet die Bundesregierung den Bundestag darüber, wie es den Bäumen geht. Über den aktuellen Bericht, der den Zeitraum von Oktober 2017 bis Mai 2021 abbildet, schreibt die Bundesregierung:

»Die Schäden im deutschen Wald haben zugenommen. Noch nie waren so viele Bäume abgestorben wie 2020. Großflächig sterben vor allem Fichten auf schlecht mit Wasser versorgten Standorten ab. Es zeichnet sich jedoch ab, dass auch Laubbäume (zum Beispiel Buchen und Eichen) durch die fortdauernde Trockenheit beeinträchtigt sind. Nahezu alle Hauptbaumarten weisen Vitalitätseinbußen und Schadsymptome auf. Vier von fünf Bäumen haben lichte Kronen. Insgesamt gehören die Ergebnisse der Waldzustandserhebung 2020 zu den schlechtesten seit Beginn der Erhebungen 1984.

Aufgrund der extremen Dürre und warmen Sommer war in einigen Regionen ein starker Anstieg sowohl in Anzahl als auch im Flächenausmaß von Waldbränden zu verzeichnen. 2018 brannten rund 2350 Hektar und 2019 etwas mehr als 2710 Hektar Waldfläche. Betroffen waren insbesondere die stark kieferdominierten Wälder von Brandenburg und Mecklenburg-Vorpommern.

Derzeit beträgt die Fläche, die wieder aufgeforstet werden muss, 277 000 Hektar – eine Fläche etwas größer als das Saarland. Allein für den Zeitraum 2018 bis 2020 beträgt der Schadholzanfall 171 Millionen Kubikmeter. Die wirtschaftlichen Folgen für betroffene Forstbetriebe sind schwerwiegend … Politik und Forstwirtschaft stehen vor der großen Aufgabe, die verbliebenen Wälder zu stabilisieren, die geschädigten Waldflächen wieder zu bewalden und sie so zu gestalten, dass sie dem Klimawandel standhalten.«

Stichwort Klimawandel: Eine wahrscheinliche Folge davon – die Reihe von heißen, trockenen Sommern – haben die Waldzustandsberichte der letzten Jahre als Ursache für massive Schäden in den deutschen Wäldern ausgemacht. Der Klimawandel trifft die Wälder also ausgesprochen hart.

Was uns als Waldwissenschaftler natürlich enorm beschäftigt, sind die Extreme. Auf der einen Seite die Temperaturverände-

rungen, auf der anderen Seite aber auch Veränderungen des Wasserangebots.

Beides haben wir in den letzten Jahrzehnten bereits erlebt. Solche Wärmejahre wie 2018 und 2019 sind gar nicht so ungewöhnlich. Es gab sie beispielsweise schon 1975/76, 1982/83, 1995, 2003. Als ich Kind war, daran kann ich mich noch gut erinnern, wüteten auch schon große Waldbrände.

Wir müssen da sehr genau sein. Was wir in den letzten Jahren hatten, war eine Dürreperiode, eine lange Phase der Trockenheit, die die Bäume nicht mehr ausgleichen konnten. Auch nicht nach zwei Jahren und bis heute nicht. Wir haben also nach wie vor Stress bei den Bäumen. Das gab es vorher in dieser Intensität nicht.

Aber nicht nur das. Der Dürreperiode waren Sturmereignisse vorangegangen, nach denen man es nicht schaffte, das Schadholz aufzuräumen. Und was dann folgte, war eine der größten Vermehrungen von rindenbrütenden Insekten, die es bis dahin je gab.

Rindenbrütende Insekten. Damit wissen die meisten wahrscheinlich erst einmal nichts anzufangen. Ich nehme an, du sprichst vom Borkenkäfer, dem Supermonster.

Ich persönlich finde es ja immer schön, wenn man von dem Borkenkäfer redet.

Ja, ja, ich weiß. Es gibt nicht nur den einen Borkenkäfer, sondern verschiedene Arten.

Borkenkäfer vermehren sich zumeist unter der Borke oder auch direkt im Holz in Gangsystemen, die die Käfer und deren Larven anlegen. Je nach Art betrifft das die Zone zwischen Holz und Rinde oder das Holz selbst. Rindenbrütende Insekten, zu denen neben den Borken- auch Pracht- und Rüsselkäfer sowie weitere Arten gehören, zerstören dabei die Nährstoff- und Wasserversorgung des Baumes, was ihn letztendlich absterben lässt.

Das Tempo, in dem Borkenkäfer sich vermehren können, ist beeindruckend: Ein Weibchen kann bis zu dreimal pro Jahr Eier legen und dabei gleich mehrere »Geschwisterbruten« anlegen. Unter idealen Bedingungen sind die Nachkommen schon nach ungefähr sechs Wochen geschlechtsreif. Rein rechnerisch kann ein Weibchen es so innerhalb eines Jahres auf eine Viertelmillion Abkömmlinge bringen.

Wehrlos sind die Bäume allerdings nicht: Nadelbäume wie die Fichten verfügen über eine potenziell tödliche Waffe, eine chemische Keule: Harz. Mit seinem Harz kann der Baum Käfer abwehren. Um harzen zu können, brauchen Bäume aber relativ viel Wasser und hohe Luftfeuchtigkeit. In heißen, regenarmen Jahren stehen die Bäume unter Trockenstress – und dann können sie nicht genug Harz produzieren. Das ist der Moment, in dem die Borkenkäfer an Nadelbäumen zuschlagen, denn sie können die besiedelbaren Bäume an deren chemikalischen Mustern erkennen.

Der Klimawandel versetzt unsere Wälder immer öfter in Trockenstress, weshalb sich die Berichte über Borkenkäferplagen in den vergangenen Jahren auch gehäuft haben. 2018 und

2019 vermehrten sich die nur wenige Millimeter großen Insekten so stark wie seit Jahrzehnten nicht.

In Deutschland gibt es etwa 110 verschiedene Borkenkäferarten. Höchstens 20 davon neigen zu Massenvermehrungen, aber auch die anderen Arten können bedeutsam sein und Schäden verursachen.

Schlagzeilen machen zurzeit die Borkenkäfer, die vor allem Fichten befallen:

Der Buchdrucker gilt als der schädlichste von allen, er besiedelt bevorzugt ältere Bäume.

Der Kupferstecher fühlt sich in den Kronen wohl und kann auch jüngere Bäume besiedeln.

Der Gestreifte Nutzholzborkenkäfer besiedelt oft bereits gefällte Bäume und macht das Holz dadurch weitgehend unbrauchbar.

Mir machen im Augenblick die Borkenkäfer an der Rotbuche mehr Sorgen als die an der Fichte. Mit Letzteren wissen wir nämlich umzugehen. Mit den Ersteren leider nicht. Das ist insgesamt ein Thema, das noch nicht so gut beackert ist.

Und das die Gemeinde der Waldexpertinnen und Waldexperten spaltet. Im Harz etwa versucht man, den Borkenkäfer zu bekämpfen, indem man erst einmal nichts macht – der Wald soll sich selbst reparieren. Anderswo werden die befallenen Bäume entfernt, weil man hofft, damit die Ausbreitung des Borkenkäfers eindämmen zu können. Gibt es da wissenschaftlich wirklich keine klare Linie?

Wir müssen genau schauen, über was hier gesprochen wird. Eine Borkenkäfermassenvermehrung wird nicht durch Selbstregulation gestoppt, wie das etwa bei nadel- oder blattfressenden Insekten durch Viren- oder Bakterienerkrankungen der Fall ist.

Eine Borkenkäfermassenvermehrung endet da, wo der Wald zu Ende ist. Oder wenn die Witterungsverhältnisse sich so umstellen, dass die Bäume sich erholen und die Borkenkäfer abwehren können. Eine gesunde Fichte, eine gesunde Rotbuche oder Kiefer kann von Borkenkäfern gar nicht besiedelt werden. Die Besiedelung durch Borkenkäfer ist immer eine Folge von Gesundheitsbeeinträchtigungen.

Und insofern meint man etwa im Harz nicht, dass die massenhafte Vermehrung der Borkenkäfer sich von selbst reguliert, wenn es heißt, dass die Natur das von alleine regelt, sondern dass sich der Wald selbst erneuert und verjüngt und dass die Borkenkäfer auf den jungen Bäumen keine Lebensgrundlage mehr finden. Und das ist natürlich so.

Ein anderes großes Thema, das viele intuitiv mit dem Klimawandel verbinden, ist das Thema der Waldbrände. Die Nachrichten waren in den letzten Jahren voll davon. Im »Black Summer« 2019/2020 in Australien haben ungewöhnlich großflächige und lang anhaltende Buschfeuer riesige Landflächen zerstört und schätzungsweise eine Milliarde Wildtiere getötet. Kalifornien meldete 8000 Feuer in einer einzigen Saison, es gab riesige Brände in Sibirien, auch welche in Griechenland, Portugal, Spanien und, und, und. Werden bald auch die deutschen Wälder brennen?

Nein, das ist eine falsche Schlussfolgerung.

Waldbrände gehören in Mitteleuropa und insbesondere in Deutschland nicht zu den Bestandteilen des Ökosystems, haben also weder für die natürliche Weiterentwicklung eine Bedeutung, noch entstehen sie durch natürliche Ursachen wie Blitzschläge oder Vulkanausbrüche. Das unterscheidet unser Ökosystem von denen in anderen Teilen der Welt.

Waldbrände in Deutschland entstehen fast ausschließlich durch Menschen, zumeist durch Brandstiftung. Es gibt nur äußerst selten natürliche Waldbrände durch Blitzschläge, und aktive Vulkane, die ausbrechen könnten, haben wir in Deutschland nicht.

Insofern sind Waldbrände bei uns grundsätzlich vermeidbar und sollten es auch sein. Wir sind sehr schnell in der Waldbrandüberwachung. Wir entdecken Waldbrände innerhalb von zehn Minuten nach der Entstehung und sind meistens schon innerhalb einer Stunde so weit, einem Waldbrand wirklich Einhalt gebieten zu können, bevor er eine Fläche von einem Hektar erreicht.

Das, was wir in den letzten Jahren an Bränden gesehen haben, sind Ausnahmen gewesen, vor allem dort, wo frühere Truppenübungsplätze betroffen waren, auf denen wegen der Munitionsbelastung grundsätzlich nicht gelöscht werden darf. Nur deshalb wurden diese Waldbrände so groß.

Vielleicht wird es in Zeiten des Klimawandels auch einige Entzündungen mehr geben, weil natürlich die Zündfähigkeit der Materialien durch Trockenheit steigen könnte und Menschen gleichbleibend unachtsam, fahrlässig oder sogar kriminell sind. Aber wir werden es beherrschen können, weil unsere Wälder älter geworden sind, wir durch Waldumbau weniger Brandempfänglichkeit der Wälder erreichen und bis auf die genannten Aus-

Michael Müller

nahmen fast ausschließlich Bodenfeuer und keine Vollfeuer mehr auftreten.

Wir haben in Deutschland also Glück im Unglück, obwohl Trockenheit unsere Wälder verändert. Eine andere Veränderung, die mir aufgefallen ist: Wir haben ungewöhnlich viel Wild im Wald. Viel mehr als früher. Und da wird viel geschimpft über Rehe, Wildschweine und Hirsche, weil sie angeblich den Wald kaputt fressen.

Dazu muss ich etwas sagen, was für viele ein großer Schocker sein wird. Nicht umsonst bin ich selbst leidenschaftlicher Jäger. Also: Das Schalenwild – so nennen wir alle jagdbaren Paarhufer wie eben Rehe, Wildschweine und Hirsche, deren Hufe auch »Schalen« genannt werden – ist in unseren Wäldern von allen biotischen Schadfaktoren der potenziell schwerwiegendste, den wir haben. Bedeutungsvoller als Borkenkäfer, nadel- und blattfressende Insekten und Mäuse zusammen.

Bambi ist ein Schädling? Schlimmer als der Borkenkäfer? Nicht dein Ernst ...

Wie gesagt: Das Schalenwild ist der potenziell schwerwiegendste Schadfaktor. Das lässt sich auch in Zahlen abbilden, und die sind beeindruckend. Der potenzielle Schadenseinfluss durch Schalenwild beläuft sich gemäß aktueller Forschung, etwa der TU München, auf eine Milliarde Euro pro Jahr.
    Übrigens ist Bambi ein richtig schlimmes Beispiel. Denn was in der Geschichte passiert, dass die Mutter von Bambi erschos-

sen wird, das wäre im Jagdrecht Deutschlands eine Straftat. Für die kann man, im schwerwiegenden Fall, sämtliche waffen- und jagdrechtlichen Erlaubnisse verlieren und Geld- und sogar Freiheitsstrafe bekommen. Aber das nur nebenbei.

Eine Milliarde Euro, das ist eine beeindruckende Zahl.

Ja. Und die Frage ist, warum dieser Sachverhalt eine so geringe Rolle spielt.

Der erste Grund ist: Wenn das Wild eine Waldverjüngung völlig verhindert, weil es die Samen und Keimlinge äst, bemerken wir erst gar nicht, dass kein Wald entsteht. Wir denken, da wächst einfach nichts, das ist aber nicht der Fall. Da sollte etwas wachsen, aber das Wild verhindert es.

Der zweite ist: Das Wild beschädigt die Rinde der Bäume, wodurch die Bäume Fäule bekommen und das Holz weniger wert ist. Wir verkaufen das Holz also nur so, wie es tatsächlich anfällt bei der Ernte, und nicht, wie es hätte sein können, wenn der Schaden nicht eingetreten wäre. Wenn man diese Schäden addiert, entsteht eine solch hohe Zahl.

Wenn das wirklich so ist, wie du sagst – warum holt ihr dann nicht die Flinten und tut, was ein Jäger tun muss?

Da müssen wir jetzt einmal genau hinschauen. Das Wild hat eine Eigenschaft, die die anderen potenziellen Schadfaktoren – Mäuse, Borkenkäfer, nadel- und blattfressende Insekten – nicht haben. Die hat mit unserem Verhältnis zum Wild zu tun. Wir Menschen definieren beim Wild nämlich eigene Zielstellungen, die nicht unbedingt nur auf den Schaden ausgerichtet sind. Wild ist – genau wie der Wald – eine der Natur nahe, reproduzierbare, nachhaltig bewirtschaftbare Ressource, die viele Menschen wertschätzen. Da geht es dann teilweise auch ums Wildbret, also ums Fleisch. Da geht es aber auch um Trophäen und um Walderlebnisse und dergleichen.

Das sind die Gründe, warum manche Menschen sagen: Mein Wald ist eben auch ein Lebensraum für Wild. Und ich verzichte zugunsten des Wildes auf Waldentwicklung. Oder ich verzichte sogar auf Naturverjüngungen, damit ich mehr Wild jagen kann, bin bereit zu pflanzen und Zäune auf eigene Kosten zu bauen und so weiter.

Warum tun sie das? Warum arbeiten sie nicht für mehr naturnahen Wald, sondern für Wild? Die Antwort ist eine ganz profane: Weil es sich offensichtlich nicht lohnt.

Da sind wir wieder beim Geld. Das Einzige, was zählt?

Im Rahmen der Bundespressekonferenz zum Schaden, den die Extremwetterereignisse 2018 bis 2020 im deutschen Wald angerichtet haben, wurde eine Summe von 13 Milliarden Euro genannt. Das ist tatsächlich eine Hausnummer. Es ist vor allem so, dass riesige Vermögensschäden bei den Waldbesitzerinnen und Waldbesitzern eingetreten sind.

Man muss sich das so vorstellen, dass man in den Wald investiert wie in eine Aktie. Und der Zuwachs an Holz, und in Zukunft möglicherweise auch an neuen Waldprodukten wie Erholung und Schutz, ist da sozusagen die Rendite.

Und dann sterben die Bäume. Ich kann aber meine Aktien

nicht stilllegen und einfach warten, sondern ich muss handeln. Nicht nur, weil ich rechtlich verpflichtet bin, sondern auch, um das restliche Vermögen zu retten. Und insofern ist das, was wir gerade erleben, die Probleme, über die wir hier reden, auch eine riesige Vermögensvernichtung bei den Waldbesitzerinnen und Waldbesitzern.

In diesem Zusammenhang spielt der Holzpreis eine zentrale Rolle, und der ist von April 2020 bis Mai 2021 um über 500 Prozent gestiegen. Das ist ja fast eine Zahl wie aus der Bitcoin-Welt. Das müsste doch ein großer Boom sein und alle Waldwirtschaftler und Waldwirtschaftlerinnen in Euphorie versetzen.

Hier müssen wir zwei Dinge voneinander unterscheiden: den Schnittholz- und den Rohholzpreis. Das eine hat mit dem anderen erst einmal nichts zu tun. Du redest jetzt gerade über den Schnittholzpreis. Die Rohholzpreise sind in diesen drei Jahren, also 2018, 2019 und 2020, nämlich so weit gefallen, dass es sich fast nicht mehr gelohnt hat, das Holz für den Verkauf aufzuarbeiten.

Wie kann es denn sein, dass der eine fällt und der andere steigt?

Na ja, das ist Marktwirtschaft. Der Markt wurde überflutet mit Holz, weil das Schadholz verarbeitet und aus dem Wald abgefahren werden musste. Der Holzmarkt erlebte einen totalen Preisverfall. Das ging bis hin zum fast nicht mehr Sinnvollen.
 Und gleichzeitig war es so, dass die Holznachfrage auf dem Weltmarkt äußerst stark gestiegen ist. Holz war extrem begehrt,

verarbeitetes oder bearbeitetes Holz. Da war die Holzverarbeitung glücklich über niedrige Einkaufs- und hohe Verkaufspreise. Mittlerweile hat sich der Markt aber wieder einigermaßen erholt.

Einen Wissenschaftler darf man so etwas eigentlich nicht fragen, ich mache es trotzdem: Wenn du der Waldkönig von Deutschland wärst oder, sagen wir, der Landwirtschaftsminister oder eine andere Position innehättest, von der aus du wirklich Dinge bewegen könntest – was wäre deine erste Amtshandlung? Was würdest du für den Wald tun?

Also, ich träume davon, dass die selbst regulierenden Systeme stärker gefördert werden. Dabei spielen die Waldbesitzerinnen und Waldbesitzer eine zentrale Rolle. Das sind in Deutschland ja über eine Million Menschen. Die haben zum allergrößten Teil das, was wir jetzt hier an Wald haben, hervorgebracht. Sowohl das, was gerade beschädigt wird, als auch das, was sich fantastisch entwickelt hat. An den guten Entwicklungen sollten wir uns orientieren und versuchen, sie maximal zu unterstützen. Damit möglichst alle, die Wald besitzen, auch sagen: Ja, das lohnt sich. Das ist ein guter Weg. Den würde ich gerne auch beschreiten.

Denn ich halte nicht viel von noch mehr Regularien … Wir sind in der Waldbewirtschaftung schon jetzt in so vielen Regularien gefangen, dass wir uns kaum noch wirklich bewegen können. Das stört mich sehr, dieser Glaube daran, dass der Mensch wirklich alles regulieren könnte mit Verordnungen und mit Zwang. Ich glaube nicht, dass uns das zum großen Erfolg führt. Deswegen würde ich versuchen, diejenigen zu belohnen, die sehr naturnahe Waldbewirtschaftung betreiben, die uns das vorgemacht haben.

Von denen sollten wir lernen und das Gelernte weitertragen. Das wäre meine Vision für den deutschen Wald.

Damit er ein Seelenort für uns alle bleiben kann. Und weil ein Wald eben viel mehr ist als nur die Summe seiner Bäume.

Michael, vielen Dank für deine Gedanken.

4
Können wir den Klimawandel noch stoppen, Mojib Latif?

Die Geschichte von Fridays for Future begann an einem Montag: »Skolstrejk för klimatet« stand auf dem Schild, mit dem Greta Thunberg am 20. August 2018 zum ersten Mal vor dem Schwedischen Reichstag auftauchte, um vor der Klimakrise zu warnen – ungefähr dreißig Jahre, nachdem die Wissenschaft den Zusammenhang zwischen den von Menschen verursachten Treibhausgasemissionen und global steigenden Temperaturen zweifelsfrei nachgewiesen hatte. Auch die Klimaschutzbewegung war damals bereits mehrere Jahrzehnte alt. Bereits in den 1990er-Jahren warnte Al Gore vor dem *climate change*, sein Film »An Inconvenient Truth« konfrontierte später Millionen Menschen auf der ganzen Welt mit der unangenehmen Wahrheit der Erderwärmung und ihren Folgen, er wurde dafür mit einem Oscar ausgezeichnet und erhielt zusammen mit dem Weltklimarat den Friedensnobelpreis. Und von Anfang an war die Umwelt- auch eine Jugendbewegung: 1992, auf der legendären UN-Konferenz über Umwelt und Entwicklung in Rio, brachte die zwölfjährige Severn Cullis-Suzuki aus Kanada »die Welt für sechs Minuten zum Schweigen«. Mit fester Stimme verkündete sie: »Ich kämpfe für meine Zukunft. Meine Zukunft zu verlieren, ist nicht dasselbe wie eine Wahl zu verlieren oder ein paar Prozentpunkte an der Börse.« Das war echter Greta-Sound – über ein Jahrzehnt, bevor Greta überhaupt geboren wurde. Geholfen hat es damals wie heute wenig: Die 30-Jahresperiode von 1991 bis 2020 war die wärmste seit mehr als hunderttausend Jahren. Trotz aller Versprechen, Konferenzen und Ankündigungen ist der CO_2-Ausstoß heute so hoch wie noch nie, seit es Menschen gibt, und die Temperaturen steigen weiter. Der Kampf gegen die Klimakrise scheint verloren.

Mojib Latif leitet die Forschungseinheit Maritime Meteorologie am Helmholtz-Zentrum für Ozeanforschung Kiel (GEOMAR). Er war bis vor Kurzem Vorsitzender des Deutschen Klima-Konsortiums, ist Präsident der Akademie der Wissenschaften in Hamburg, Präsident der Deutschen Gesellschaft Club of Rome, Autor zahlreicher Bücher und hierzulande einer der bekanntesten Klimaexperten. Seit fast einem halben Jahrhundert studiert und erforscht er die Meere und das Klima. Sein Zungenschlag ist unverkennbar norddeutsch, Termine erledigt er gerne mit dem Fahrrad, und die vielen Hassmails, die er bekommt, landen grundsätzlich im Spam-Ordner.

Mojib, du beschäftigst dich schon seit den Achtzigerjahren mit dem Klimawandel. Klimaforschung war damals noch ein Orchideenthema, für das sich kaum jemand interessierte. Wieso du?

Na ja, was mich schon immer interessiert hat, ist die Natur. Ich habe bereits in der Schule Theorien aufgestellt, wie bestimmte Dinge funktionieren, zum Beispiel ein Gewitter. Das war ein Phänomen, das mich fasziniert hat. Ich habe mir überlegt, wie es zu Gewittern kommen könnte. Ich weiß nicht mehr genau, wie alt ich damals war. Vielleicht sechs. Ich dachte mir, okay, wenn zwei Wolken zusammenstoßen, dann entsteht ein Gewitter, weil es rumst …

Wie bei einem Autounfall.

Genau. Ich habe mir damals andauernd irgendwelche Theorien überlegt. Nicht nur solche, die das Wetter betreffen, sondern generell zu allem, was die Naturwissenschaften angeht. Ich war aber kein Streber, ich habe, muss ich zu meiner Schande gestehen, in der Schule auch viel Mist gemacht. Und Strafarbeiten aufgebrummt bekommen. Einmal, als es mal wieder so weit war, habe ich mir gedacht: Wenn ich eine Strafe bekomme, sollen die Lehrer auch eine bekommen. Und weil ich wusste, dass die Strafarbeiten meist darin bestanden, einen Aufsatz zu schreiben, habe ich mir dann ein wissenschaftliches Thema ausgesucht, weil ich wusste, dass die Lehrer davon keine Ahnung hatten – und dass es für sie anstrengend ist.

Leicht hast du es dir offenbar nie gemacht. Bis heute. Du zahlst persönlich einen ziemlich hohen Preis dafür, das Gesicht der

Klimaforschung zu sein. Die Klimawandelleugner diffamieren dich seit vielen Jahren. Hassmails bekommst du fast jeden Tag. Was steht da so drin?

Na, der Begriff »Hassmails« beinhaltet ja schon, dass es keine freundlichen E-Mails sind, die ich da bekomme. Das ist übrigens auch der Grund, warum ich nicht in den sozialen Netzwerken unterwegs bin, da müsste ich wahrscheinlich einen Shitstorm nach dem anderen über mich ergehen lassen. Also, ich habe beispielsweise gestern eine Mail bekommen, ganz respektlos, ohne Anrede, in der es hieß: »99 Prozent ihrer Voraussagen waren falsch. Ich verachte Sie.«

Immerhin wurdest du gesiezt …

… Immerhin. Es gibt aber auch viel schlimmere. Also jeder, der mich kennt, weiß ja, wie ich aussehe. Ich bin nicht urdeutsch. Meine Eltern stammen aus Pakistan. Und dann kommt auch schon so etwas wie: »Du Paki-Ratte, geh dahin, wo du herkommst.« Es gibt eigentlich keine Grenzen, und das ist etwas, was mich wirklich umtreibt, diese Verrohung in der Gesellschaft. Viele bemerken das ja gar nicht, aber ich bekomme das direkt mit. Und ich frage mich wirklich, wohin bewegt sich unsere Gesellschaft eigentlich gerade? Wir müssen höllisch aufpassen, dass wir hier nicht in eine Welt wandern, in der es irgendwie keine Regeln mehr gibt, in der es keinen Anstand gibt.

Ich finde es sehr verwirrend, dass die Veröffentlichung solider wissenschaftlicher Erkenntnisse Hass evoziert, dass es

Menschen gibt, die vor Veränderungen offenbar mehr Angst haben als vor extremen Stürmen und steigenden Meeren. Verrückt. Spätestens seit den 1970er-Jahren warnen Forschende vor dem menschengemachten Klimawandel. Also schon seit mindestens einem halben Jahrhundert. Aber es passiert immer noch viel zu wenig. Laut Weltklimarat müssen wir, wenn die Treibhausgasemissionen weiter steigen, bis zum Jahr 2100 mit einer globalen Erwärmung von bis zu 4,7 Grad Celsius rechnen – im Vergleich zur vorindustriellen Zeit. Bei solchen Prognosen frage ich mich: Ist es nicht schon längst zu spät? Ist diese Trägheit selbstmörderisch?

Ja und nein. Wir müssen hier zwei Arten von Trägheit unterscheiden. Auf der einen Seite gibt es die physikalische Trägheit, das heißt, das Klima reagiert langsam. Anders gesagt: Der Bremsweg ist lang. Und je höher die Geschwindigkeit, desto länger der Bremsweg. Das können wir alle ausrechnen, das haben wir in der Fahrschule gelernt. Das ist die eine Art der Trägheit. Die andere ist die gesellschaftliche Trägheit, auch sozioökonomische Trägheit genannt. Die besagt, dass wir als Gesellschaft einfach zu langsam sind mit unseren Handlungen. Dabei könnten wir, zumindest theoretisch, sehr schnell einen großen Effekt erzielen.

Lass uns dazu ein Gedankenexperiment machen und annehmen, dass ab jetzt, also ab dem Moment, in dem wir beide hier zusammensitzen, weltweit keine Treibhausgase mehr ausgestoßen würden. Was würde dann mit dem Klima passieren? Dann hätten wir tatsächlich die große Möglichkeit, die Erderwärmung, die heute bei ungefähr 1,1 Grad gegenüber der vorindustriellen Zeit liegt, unter 1,5 Grad zu halten.

Das würde wirklich gehen?

Das würde gehen. Die Temperatur würde zwar noch ein kleines bisschen steigen, aber es würde gehen ...

... weil Treibhausgase, die wir emittieren, eben nicht von heute auf morgen verschwinden, wenn wir aufhören, neue in die Atmosphäre zu blasen. Sie bauen sich sehr langsam ab, bleiben teilweise jahrhundertelang in der Atmosphäre und wirken dort weiter.

Genau. Aber in dem Moment, in dem wir keine Treibhausgase mehr ausstoßen, würden die natürlichen Senken der Atmosphäre Treibhausgase entziehen.

Das heißt, Meere, Moore, Wälder und so weiter würden die Gase binden, und der Gehalt von Kohlendioxid, also CO_2, in der Atmosphäre würde allmählich sinken. Wir würden also tatsächlich unter eine Erderwärmung von 1,5 Grad kommen. Aber das ist natürlich nur ein hypothetisches Beispiel.

Höchstens 1,5 Grad globale Erwärmung ist das Ziel, das auf dem Pariser Klimagipfel vereinbart worden ist. In einem 2018 veröffentlichten Sonderbericht betont der Weltklimarat IPCC, es sei eine beispiellose Transformation erforderlich, um dieses Klimaziel zu erreichen, und erläutert gleichzeitig, warum 1,5 Grad nicht überschritten werden sollten:
»Zunehmende Erwärmung setzt kleine Inseln, niedrig gelegene Küstengebiete und Deltas verstärkt den für viele menschliche und ökologische Systeme mit dem Meeresspiegelanstieg

verbundenen Risiken aus, darunter erhöhter Salzwassereintrag, Überflutung und Schädigung von Infrastruktur. Die mit dem Meeresspiegelanstieg verbundenen Risiken sind bei 2 °C höher als bei 1,5 °C. Die geringere Geschwindigkeit des Meeresspiegelanstiegs bei 1,5 °C globaler Erwärmung senkt diese Risiken, wodurch größere Anpassungschancen eröffnet werden, darunter das Management und die Renaturierung natürlicher Küstenökosysteme und eine Stärkung der Infrastruktur. An Land sind die Folgen für Biodiversität und Ökosysteme, einschließlich des Verlusts und des Aussterbens von Arten, laut Projektionen bei 1,5 °C globaler Erwärmung geringer als bei 2 °C. Eine Begrenzung der globalen Erwärmung auf 1,5 °C verglichen mit 2 °C verringert laut Projektionen die Folgen für Ökosysteme an Land, im Süßwasser und an Küsten und erhält mehr von deren Leistungen für den Menschen aufrecht.«

Also deutlich gesagt: Wenn's über die 1,5 Grad hinausgeht, wird es für uns auf der Erde echt ungemütlich. Aber hältst du es überhaupt für möglich, dass wir das noch schaffen?

Es ist auf jeden Fall möglich. Es gibt genügend Studien, etwa von den Sachverständigenräten der Bundesregierung, die zu dem Ergebnis kommen, dass wir das 1,5-Grad-Ziel halten beziehungsweise nicht überschreiten können.

Also ja, ich halte dieses Szenario für plausibel. Am Ende des Tages hängt es aber davon ab, ob wir als diejenigen, die für den Klimawandel, vor allem durch die Verbrennung fossiler Energieträger, verantwortlich sind, unser Verhalten ändern und andere *davon überzeugen, sich uns anzuschließen. Auch mit Druck, natürlich mit Druck. Zum Beispiel durch eine CO_2-Bepreisung, den Abbau klimaschädlicher Subventionen oder andere Maßnahmen.*

Dass wir in der Lage sind, unheimlich schnell Veränderungen herbeizuführen, hat sich gezeigt. Ich schlage den Bogen hier einmal etwas weiter. Die deutsche Wiedervereinigung ist dafür ein gutes Beispiel. Hier hat sich ein rasanter gesellschaftlicher Wandel innerhalb ganz kurzer Zeit vollzogen. Und zwar, weil die Menschen diesen Wandel wollten. Das ist der Punkt, auf den ich eigentlich hinauswill.

Ausschlaggebend dafür waren nicht die Politiker, sondern erst einmal die Menschen, die friedlich protestiert haben. 1985, also vor der Wiedervereinigung, habe ich als junger Forscher die Humboldt-Universität in Berlin, damals noch Ostberlin, besucht. Um dorthin zu kommen, musste ich die Mauer passieren, die ganzen Kontrollen hinter mich bringen. Ich hätte mir nie träumen lassen, dass die Mauer ein paar Jahre später weg ist.

Zweites Beispiel: der Atomausstieg. Natürlich hat der Reaktorunfall in Fukushima dazu beigetragen, dass wir in Deutschland aus der Kernenergie ausgestiegen sind. Hätte jemand vor dem Unfall gesagt, wir stellen ein paar Atomkraftwerke jetzt einfach mal ab, von heute auf morgen, hätte die Energiewirtschaft gesagt: Ja, macht das ruhig, dann gehen morgen aber alle Lichter aus. Und was ist passiert? Gar nichts. Wir haben tatsächlich von einem auf den anderen Tag ein paar Atomkraftwerke abgeschaltet, und es ist nichts passiert.

Ein drittes Beispiel sind die erneuerbaren Energien. Vor zwanzig Jahren wären wir ausgelacht worden, wenn wir gesagt hätten: Heute, im Jahr 2021, erzeugen wir schon 50 Prozent unseres

Stroms durch erneuerbare Energien. Niemand hätte das für möglich gehalten.

Was ich sagen will, ist, wenn wir wollen, wenn wir anfangen und radikal sind, radikal im Denken, dann sind die Dinge möglich, und dann werden sie auch passieren. Darum geht es. Wir müssen tatsächlich versuchen, auch von unten Druck zu schaffen. Denn die Politik ist es gewohnt, Kompromisse zu schließen, zu verhandeln. Das Problem ist: Mit der Natur kann man nicht verhandeln. Geben wir immer mehr Treibhausgase in die Atmosphäre, erwärmt sich unser Planet immer weiter. Da helfen keine Verhandlungen, da können wir einfach nichts machen.

In Demokratien gibt's ja viele Möglichkeiten, auf Veränderungen hinzuwirken: protestieren, anders wählen, anders einkaufen, informieren und, und, und. Ein ganz besonders wirksamer Hebel für Veränderungen ist dabei das Recht, also neue Gesetze, Entscheidungen der Gerichte und so. Gesetze sind ja im Grunde nichts anderes als Zielvorgaben, die wir uns als Gesellschaft geben. Mit den Gesetzen definieren wir, wer wir sein und wie wir leben wollen. Und das funktioniert auch wirklich.

Im Mai 2021 verurteilte das Bezirksgericht Den Haag den Ölkonzern Shell, seine Emissionen innerhalb eines Jahrzehnts bis 2030 um 45 Prozent zu verringern, weil er für die »schlimmen« Folgen des Klimawandels mitverantwortlich sei. Das Urteil gilt als historische Entscheidung, weil damit Geschäftsmodelle, die Natur und Klima besonders stark belasten, grundsätzlich infrage gestellt werden. In den vergangenen 15 Jahren wurden nach Angaben der London School of Economics bereits etwa 1600 Klimaprozesse angestrengt. Das Bundesverfassungsgericht verpflichtete 2021 die deutsche Bundesregierung, ihre Pläne zum Klimaschutz zu präzisieren. Daraufhin wurde beschlossen, die Emissionen bis 2040 im Vergleich zu 1990 um 88 Prozent zu verringern. Klagen, Prozesse und Gerichtsurteile sind inzwischen ein wichtiges Instrument des Klimaschutzes.

Ist das Recht also der Hebel, den wir ansetzen müssen, um das Klima besser zu schützen?

Ob es der eine entscheidende Hebel ist, mit dem wir es besser schützen können, weiß ich nicht. Auf jeden Fall aber ist dieser Hebel überfällig. Denn es ist ja in unserem persönlichen Leben auch so: Wenn wir jemandem Schaden zufügen, werden wir dafür zur Rechenschaft gezogen.

Genau, wenn ich aus Versehen dein Fahrrad kaputt mache, muss ich dafür haften. Das stellt niemand infrage. Betreibe ich hingegen eine Firma, die das Klima schädigt, muss ich dafür nicht haften, kann aber den ganzen Profit einsacken. Es gibt keine Kostenwahrheit, also keine Preise, die wirklich abbilden, was die Herstellung eines Produktes gekostet hat. Arbeitskosten, Vertrieb, Materialeinkauf und so weiter werden eingepreist, Ressourcenverbrauch und Umweltzerstörung nicht, das wird der Allgemeinheit aufgehalst. Wie kann das sein? Das ist doch das genaue Gegenteil von Marktwirtschaft und der Idee der Eigenverantwortung.

Es ist nicht nur das Gegenteil von Marktwirtschaft, es ist auch das Gegenteil von Gerechtigkeit. Und deswegen war es lange überfällig, dass die Gerichte denjenigen die Verantwortung zuschreiben, die auch verantwortlich sind. Ich bin mir sicher, dass es noch viele weitere solcher Urteile geben wird. Denn es kann nicht angehen, dass einige wenige ihre Geschäfte zulasten des Großteils der Weltbevölkerung machen. Und wenn diese Geschäftspraktiken erst einmal zurückgedrängt sind – und da schlägt jetzt mein Optimismus durch –, kann es rasend schnell gehen beim Klimaschutz, weil dann nämlich der Anreiz weg ist, dieses alte Geschäftsmodell weiterzubetreiben.

Und vielleicht lassen sich dann sogar die höheren Profite mit einem nachhaltigen Geschäftsmodell machen.

Genau darauf setze ich.

Dann würde die Marktwirtschaft letztlich eine Dynamik pro Klimaschutz entwickeln, einfach, weil der immanente Wirkmechanismus des Kapitalismus lautet: Das, womit sich mehr Geld machen lässt, setzt sich durch.

Ja, das wäre einer von vielen positiven Aspekten des Klimaschutzes, er kann nämlich auch ein unheimlicher Innovationsmotor sein. In diesem Zusammenhang ist es ganz wichtig, dass wir neu nachdenken über unseren Begriff des Wirtschaftswachstums. Unsere bisherige Definition von Wachstum ist meines Erachtens viel zu eng, weil sie nur wirtschaftliche Faktoren berücksichtigt. Wenn wir diesen Begriff als Messlatte nehmen, verhindern wir natürlich unendlich viele, auch klimafreundliche Veränderungen. Wir müssen, denke ich, den Begriff viel weiter fassen und noch mehr Parameter, mehr Indikatoren berücksichtigen. Gesundheit und Zufriedenheit etwa.

Die Politik und die Wirtschaft, klar. Aber was ist mit jedem und jeder von uns? Oder bringt individuelles Ökoheldentum gar nichts? Das höre ich doch immer wieder: Was nützt es denn, wenn ich mein Verhalten ändere? Das bringt doch nichts, wenn ich mit dem Fahrrad fahre und in China gleichzeitig riesige neue Kohlekraftwerke gebaut werden.

Bei meinen Vorträgen kommt immer wieder diese eine Frage: Was bringt es denn, wenn wir Deutschen etwas tun? Da heißt es dann: Wir in Deutschland haben ja nur 2 Prozent des weltweiten CO_2-Ausstoßes zu verantworten. China dagegen ungefähr 30 Prozent. Bringt also überhaupt nichts, wenn wir etwas tun. Da halte ich dann immer entgegen, dass wir auf den Pro-Kopf-Ausstoß schauen müssen. Wir in Deutschland haben einen Pro-Kopf-Ausstoß von ungefähr 9 Tonnen. Das heißt, jeder und jede Deutsche entlässt im statistischen Mittel 9 Tonnen CO_2 pro Jahr in die Atmosphäre. Gehen wir dagegen nach Indien, sind es nur 1,9 Tonnen pro Kopf. Was für ein Unterschied! In Indien leben aber über eine Milliarde Menschen. Stellen wir uns jetzt einmal vor, deren Pro-Kopf-Ausstoß steigt ebenfalls auf 9 Tonnen pro Jahr ...

... dann können wir einpacken ...

... dann können wir das 1,5-Grad-Ziel knicken. Dann können wir auch das 2-Grad-Ziel knicken und wahrscheinlich sogar das 3-Grad-Ziel. Das zeigt, wie wichtig es ist, dass wir etwas tun. Dazu zählt auch, dass wir die Technologie weiterentwickeln. Deutschland hat da übrigens ein unglaubliches Verdienst, das gerne vergessen wird: Deutschland hat die erneuerbaren Energien durch technologische Innovationen bezahlbar gemacht. Das hat die Wende hin zur Klimaneutralität überhaupt erst ermöglicht.

Lass uns noch einmal zu deinem Indien-Vergleich kommen: Der indische Anteil am weltweiten CO_2-Ausstoß liegt aktuell bei knapp 7 Prozent, der Pro-Kopf-Ausstoß, wie schon erwähnt, aber nur bei 1,9 Tonnen CO_2. Wenn wir also auf die Einzelpersonen schauen, heißt das, dass ein Mensch in Indien viel weniger klimaschädlich ist als einer in Deutschland. Wie klimaschädlich ein Land ist, lässt sich also nicht einfach an der Gesamtmenge der nationalen Emissionen ablesen.

Ja, und ich würde es sogar noch schärfer formulieren: Es geht hier um globale Gerechtigkeit. Und es gibt in diesem Zusammenhang noch einen zweiten Punkt, der wichtig, aber nicht so bekannt ist. Das ist die historische Verantwortung. Du hast ja selbst vorhin gesagt, dass die klimaschädlichen Gase teilweise über hundert Jahre in der Atmosphäre verbleiben. Genug Zeit, damit sich etwa das CO_2 um den ganzen Erdball verteilen kann. Deswegen ist es völlig egal, wo es emittiert wird. Denn es ist letzten Endes für alle wirksam, überall auf der Erde. Und weil es so lange lebt, sind auch die Anteile immer noch da, die unsere Eltern und Groß-

eltern in die Atmosphäre geblasen haben. Und auch die, die deren Eltern in die Luft geblasen haben. Wenn wir also genau zurückverfolgen, wer die meisten Gase, die wir heute messen, in die Atmosphäre geblasen hat, waren es eben nicht die Chinesen, sondern die US-Amerikaner. Die allein haben etwa ein Viertel des CO_2 in die Atmosphäre gebracht, das wir dort heute messen. Danach kommen die Europäer mit noch einmal einem Viertel. Und erst dann die Chinesen mit ungefähr 13 bis 14 Prozent. Man kann den Chinesen also nicht vorhalten, dass sie verantwortlich für das Klimaproblem sind, das wir heute haben. Und den Indern schon gar nicht. Da sind wir wieder bei der Frage der Gerechtigkeit. Und da ist es meines Erachtens völlig klar, dass die Industrienationen, die das Problem verursacht haben, als Erste etwas unternehmen müssen, um dieses Problem zu lösen. Das bedeutet auch, dass sie viel schneller ihren Ausstoß senken müssen als die jetzt aufstrebenden Länder.

In Klimamodellen tauchen oft die sogenannten Kipppunkte auf. Und dann heißt es immer, wir müssen die Erderwärmung stoppen, bevor wir diese Kipppunkte erreichen, sonst ist alles verloren. Die sind also offenbar megawichtig. Deshalb müssen wir darüber reden. Das Umweltbundesamt erklärt die Kipppunkte so:

Die Zunahme der Konzentrationen treibhauswirksamer Gase in der Atmosphäre führt zu einer allmählichen Erwärmung des Klimas, die sich unter anderem in einem Anstieg des globalen Mittels der bodennahen Lufttemperatur widerspiegelt. Das Klimasystem reagiert bei bestimmten Größenordnungen des

Temperaturanstiegs – den Kipppunkten – mit starken Veränderungen im System ... Es besteht die Gefahr, dass abrupte, drastische Klimaänderungen die Anpassungsmöglichkeiten der menschlichen Gesellschaft überaus fordern oder auch übersteigen. Dies gilt besonders für solche Fälle, in denen die bewirkten Änderungen nicht mehr umkehrbar sind.

In Verbindung mit dem Anstieg der atmosphärischen Konzentrationen der Treibhausgase und möglichen Kipppunkten im Klimasystem diskutiert die Fachwelt folgende Prozesse:
- Schmelzen des Meereises und Abnahme der Albedo in der Arktis;
- Schmelzen des Grönländischen Eisschildes und Anstieg des Meeresspiegels;
- Instabilität des westantarktischen Eisschildes und Anstieg des Meeresspiegels;
- Störung der ozeanischen Zirkulation im Nordatlantik;
- Zunahme und mögliche Persistenz des El-Niño-Phänomens;
- Störung des indischen Monsunregimes;
- Instabilität der Sahelzone in Afrika;
- Austrocknung und Kollaps des Amazonas-Regenwaldes;
- Kollaps der borealen Wälder;
- Auftauen des Permafrostbodens unter Freisetzung von Methan und Kohlendioxid;
- Schmelzen der Gletscher und Abnahme der Albedo im Himalaja;
- Versauerung der Ozeane und Abnahme der Aufnahmekapazität für Kohlendioxid;
- Freisetzung von Methan aus Meeresböden.

> Der Klimaforscher Stefan Rahmstorf vom Potsdam-Institut für Klimafolgenforschung äußerte im Hinblick auf Kipppunkte: »Das Klimasystem ist kein träges und gutmütiges Faultier, sondern es kann sehr abrupt und heftig reagieren.«

Mojib, was sagst du dazu?

Das Problem der Kipppunkte ist in der Wissenschaft höchst umstritten. Es gibt zwei zentrale strittige Fragen. Erstens: Gibt es diese Kipppunkte wirklich? Zweitens: Wenn es sie gibt, bei welcher Erwärmung würden sie einsetzen? Das Problem, das wir in der Wissenschaft haben, ist, dass man die theoretischen Konzepte zu den Kipppunkten und zum Systemverhalten sehr gut studieren kann, das Erdsystem aber viel komplexer ist als diese im Vergleich relativ einfachen Modelle. Es ist derart komplex, dass ich mir nicht anmaße zu behaupten, ich verstünde es so gut, dass ich belastbare Aussagen zu den Kipppunkten machen kann. Dass ich also einerseits verlässlich behaupten kann, dass es diese Punkte überhaupt gibt, und andererseits belastbar sagen kann, bei welchem Grad von Erwärmung der Effekt einsetzen wird. Selbst wenn es solche Kipppunkte geben sollte, wissen wir noch nicht, welche Auswirkungen sie genau haben werden. Wir wissen zwar, dass die globale Erwärmung tatsächlich ziemlich rasant verläuft. Aber was die Kipppunkte dabei bewirken, wissen wir eben nicht genau, weil in dem komplexen Klimasystem der Erde so viele einzelne Prozesse enthalten sind, dass wir die gar nicht in Gänze überschauen und berücksichtigen können. Und diese Prozesse sind nicht alle verstärkend, sondern es gibt eben auch abschwächende Prozesse, die sich überlagern und beeinflussen.

Vor allem aber denke ich, dass wir dieses Kipppunkt-Katastrophenszenario doch eigentlich gar nicht brauchen. Was wir jetzt in den letzten Jahrzehnten gemessen und erlebt haben, ist doch schon dramatisch genug. Wir erleben es ja auch in Deutschland, dass sich die Erde massiv erwärmt. Im Sommer 2019 hatten wir einen neuen Hitzerekord, einen Allzeitrekord sogar, mit Temperaturen von deutlich über 40 Grad in vielen Regionen Deutschlands. Diese Hitzewellen gab es vorher nicht. Das sind völlig neue Verhältnisse mit unglaublichen Auswirkungen, denn dabei sterben Tausende von Menschen. Wenn wir diese Entwicklung jetzt jenseits der Kipppunkt-Problematik weiterdenken, sprechen wir von zukünftigen Temperaturhöchstwerten von 43, 44 oder 45 Grad. Das will sich doch keiner ausmalen.

Wenn ich dich richtig verstehe, ist das so: Wir rasen mit dem Auto auf eine Wand zu. Das wissen wir. Und es ist eigentlich egal, ob es auf dem Weg bis zur Wand noch irgendwelche weiteren Faktoren gibt, irgendwelche Kipppunkte, die den Aufprall vielleicht noch schlimmer machen könnten. Das ist egal, weil an der Wand sowieso alles zu Ende ist. Also zählt nur eins: Bremsen. Sofort und entschlossen.

Genau, das meine ich.

Das heißt, wir sind dringend aufgefordert zu handeln, weil die Probleme, die sich durch den Klimawandel ergeben, immer schneller immer dramatischer werden. So wie die

Erwärmung der Meere. Da sind wir jetzt bei deinem Kernthema.

Und bei einem riesigen Thema. Ein Beispiel ist das Sterben der Korallen. Die tropischen Meere sind im Durchschnitt zwar nicht so viel wärmer geworden wie die Erde, aber ein halbes Grad ist es eben doch, und die tropischen Korallen brauchen stabile Temperaturen, um zu überleben. Wenn die Wassertemperatur jetzt noch weiter, nämlich um mehr als ein Grad, steigt, sterben sie einfach. Dann kommt es zur gefürchteten Korallenbleiche. Und wir sind auf direktem Weg dahin. Schon heute sehen wir dieses Phänomen immer häufiger, selbst im Great Barrier Reef.

Ich war Anfang der 1990er-Jahre zum ersten Mal im Great Barrier Reef tauchen und konnte danach nächtelang nicht schlafen, weil diese Lebensvielfalt, diese Farbigkeit, diese Schönheit mich völlig überwältigt hatten. Einfach unbeschreiblich schön. In den darauffolgenden Jahrzehnten war ich immer wieder dort. Und jedes Mal war's schlechter. Inzwischen sind 30 Prozent des Riffs tot. Wenn wir jetzt sagen, dass es schade um diese atemberaubende Schönheit ist, ist das eine totale Banalisierung des Problems, denn der Schaden ist viel eklatanter: Durch die Zerstörung der Korallen wird die Kinderstube für ganz, ganz viele Meereslebewesen zerstört. Das ganze Meeresökosystem gerät ins Wanken.

Genau, Korallenriffe sind die Kinderstube für viele Fische und andere Meeresbewohner. Sind sie zerstört, wird es ein großes Aussterben geben. Damit sind wir an einem ganz wichtigen

Punkt: Die globale Erwärmung zieht nämlich, wenn sie ungebremst weiterläuft, ein riesiges Aussterben, sozusagen ein Massenaussterben nach sich. Niemand kann verlässlich vorhersagen, wie groß dieses Aussterben sein wird, aber es gibt Prognosen, die besagen, dass weltweit 30 Prozent – 30 Prozent! – aller Arten infolge einer ungebremsten Klimaerwärmung von diesem Planeten verschwinden würden.

Unvorstellbar. Wenn 30 Prozent aller Arten aussterben sollten, stellt sich tatsächlich die Frage, ob die menschliche Zivilisation das überhaupt überstehen könnte oder ob das dann das Ende der Geschichte wäre … Aber noch mal zurück zu den Korallenriffen. Sie sind nicht nur durch die Erwärmung bedroht, sondern es gibt auch noch das Problem der Versauerung.

Die Meere sind unsere Verbündeten, aber sie zahlen einen hohen Preis dafür. Warum sind sie unsere Verbündeten? Weil sie erstens über 90 Prozent der Wärme aufnehmen, die durch den Anstieg der Treibhausgase im Klimasystem zurückgehalten wird. Stellen wir uns einmal vor, sie würden das nicht tun. Dann hätten wir an der Oberfläche der Kontinente schon jetzt eine unglaubliche Erwärmung. Die meiste Wärme geht also erst einmal in die Meere, wird weggepuffert. Das führt natürlich zu einer Erwärmung des Wassers, unter dem die Ökosysteme, Beispiel Korallenriff, leiden. Die Meere nehmen aber, und damit komme ich zum zweiten Punkt, nicht nur Wärme, sondern auch CO_2 auf. Und zwar ungefähr ein Viertel dessen, was wir global in die Atmosphäre entlassen. Das ist unglaublich viel. Und wir haben ja alle in der Schule gelernt, zumindest wenn wir aufgepasst haben, dass

H_2O, also Wasser, plus CO_2, also Kohlendioxid, H_2CO_3 ergibt, und das ist eine Säure. Kohlensäure nämlich.

Die Meere werden dadurch immer saurer, und das ist der zweite Sargnagel für die marinen Ökosysteme. Und auch hier sind die Korallen wieder besonders gefährdet, weil sie aus Kalk bestehen und Säure Kalk zerstört.

Das kennen wir vom Putzen. Kalkflecken machen wir mit Essig weg. Meerestiere, Krustentiere, Muscheln, Schnecken, Korallen lösen sich also im Prinzip durch das saurer werdende Meereswasser auf?

Genauso ist es. Im Extremfall. Noch ist es zum Glück nicht so weit. Aber noch mal: Wenn wir so weitermachen wie bisher, wenn wir alles verfeuern, was wir noch an Kohle, Öl und Gas in der Erde finden, stoßen wir in Bereiche vor, die es in der Geschichte der Erde seit Millionen von Jahren nicht gegeben hat. Das wäre eine Riesenkatastrophe für die Weltmeere und damit auch für uns, weil die Weltmeere eine der fundamentalen Stützen der Welternährung sind und es gar nicht auszudenken ist, wenn sie wirklich, in diesem Fall würde ich tatsächlich das Wort gebrauchen, »kippen« würden.

Die Meere sind ja dein Spezialgebiet. Und du wohnst an der Küste. So wie ich. Als Bewohner der norddeutschen Tiefebene müssen wir uns damit auseinandersetzen, dass die Meere möglicherweise um mehrere Meter ansteigen werden. Aber wenn wir an Länder wie Indien, Bangladesch oder auch China denken, wo Hunderte Millionen von Menschen in Gegenden leben, die heute nur ein oder zwei Meter über dem Meeresspiegel liegen, bekommt das Problem noch eine ganz andere Dimension.

Die Auswirkungen würden weit über eine rein klimatische Veränderung hinausgehen. Da verlieren Menschen ihre Heimat, und wir sind sofort beim Thema Migration ...

... einer Migration, die nichts mit den Bevölkerungsbewegungen zu tun hat, die wir in den vergangenen Jahren oder Jahrzehnten kennengelernt haben. Wir stoßen da in komplett andere Dimensionen vor.

Da reden wir über Sicherheitsfragen, über globale Sicherheit. Die hängt damit natürlich zusammen. Es kommt ja nicht von ungefähr, dass sich die Militärs dieser Welt, insbesondere das amerikanische Verteidigungsministerium, das Pentagon, schon viele Jahre mit der Klimaproblematik beschäftigen. Die Folgen werden unsere Welt komplett verändern und natürlich auch völlig neue Sicherheitsfragen aufwerfen. Das bringt mich zu einem anderen Aspekt. Der hat auch mit dem Schmelzen von Eis zu tun, was ja eine Ursache für den Anstieg der Weltmeere ist, aber nicht mit den polaren Eismassen, sondern mit den Eismassen im Himalaja. Das sind die Eismassen, die Indien und Pakistan über die großen Flüsse mit Wasser versorgen. Und stellen wir uns jetzt einmal vor, diese Gletscher gehen immer weiter zurück, und irgendwann führen die riesigen Flüsse in diesen Gegenden, etwa der Ganges, nicht mehr die Wassermassen, die es braucht, um Hunderte Millionen von Menschen zu versorgen.

Dramatisch.

Richtig. Und dann wissen wir außerdem, dass Indien und Pakistan Atommächte sind, und denken weiter. Es geht also tatsächlich auch um Sicherheitsfragen …

… um Flüchtlingskrisen, Sicherheitsfragen und möglicherweise auch um Verteilungskriege.

Und nicht zu vergessen: um die Weltökonomie. Denn natürlich wird die Weltwirtschaft leiden. Sie leidet ja heute schon. Und das beschäftigt die Industriellen, Ökonomen und Wissenschaftler. Jedes Jahr findet in Davos das Weltwirtschaftsforum statt. 2020 stand das Thema Klima ganz oben auf der Agenda. Das heißt also, das Weltwirtschaftsforum war 2020 in gewisser Weise ein Klimagipfel. Weil die wirtschaftlichen Schäden durch Klimaänderungen eben schon heute immens sind. Um das zu verdeutlichen, müssen wir gar nicht weit weggehen, wir können es hier in Deutschland sehen. Wer zahlt denn für die landwirtschaftlichen Schäden? Wer für die forstwirtschaftlichen? Wer zahlt für den Klimadeich in Schleswig-Holstein, der die Menschen vor dem steigenden Meeresspiegel schützen soll?

All das kostet uns schon heute sehr viel Geld. Und dieses Geld fällt ja nicht vom Himmel. Das zahlen wir alle selbst mit unseren Steuergeldern. Deswegen finde ich diese Frage auch immer so blöd: Was kostet uns der Klimaschutz? Die eigentliche Frage ist doch: Was kostet es uns, wenn wir nichts tun?

Wir sind doch schon dabei, unser Leben dem Klimawandel anzupassen, durch den Bau von Deichen, neue Baumarten in den Forsten, andere Feldfrüchte. Wir denken über schwimmende Städte nach und erforschen Techniken, der Atmosphäre CO_2 zu entziehen. Müssten wir nicht eigentlich viel mehr in diese Richtung denken – also daran, wie wir in Zukunft leben wollen, etwa indem wir Städte auf Stelzen bauen oder schwimmende Städte entwerfen? Anders gefragt: Ist die große Zukunftsfrage nicht eigentlich, wie wir unser Leben der Krise anpassen, weil wir die Krise gar nicht mehr verhindern können?

Wir müssen beides tun, die Krise eindämmen und uns ihr anpassen. Denn es ist ja klar, dass wir nicht von heute auf morgen, wie in unserem Gedankenexperiment, den Ausstoß von Treibhausgasen auf null bringen können. Das heißt, wir werden natürlich mit weiterer Erwärmung zu tun haben. Das heißt auch, dass es weitere Folgen des Klimawandels geben wird und wir uns deswegen auf jeden Fall über Anpassungen Gedanken machen müssen. Und wir müssen auch vorbereitet sein für den Fall, dass wir es nicht schaffen, den Klimawandel einzudämmen. Das heißt also, wir müssen auf extreme Szenarien vorbereitet sein, das ist völlig klar. Was mir in diesem Zusammenhang sehr wichtig ist: dass wir auch an die Menschen und Länder denken, die weder das technologische Know-how noch die finanziellen Mittel haben, sich anzupassen. Denen müssen wir helfen. In den internationalen Verhandlungen wird dies mitgedacht durch die Anlage zweier Fonds. Einer, mit dem Schutz- und Anpassungsmaßnahmen für die ärmeren Länder finanziert werden können, und ein zweiter *für deren nachhaltige Entwicklung. Denn wir wissen, dass der CO_2-Ausstoß besonders schnell in wirtschaftlich aufstrebenden Ländern wie Indien oder China steigt.*

Dort streben die Menschen unser Wohlstandsniveau an. Und dafür können wir sie nicht verurteilen.

Genau. Wir können sie nicht verurteilen. Das Einzige, was wir machen können, ist, sie in einer nachhaltigen Entwicklung zu unterstützen, sei es technologisch oder finanziell. Das ist, finde ich, eine Frage der Gerechtigkeit und eigentlich auch eine des gesunden Menschenverstands: Letzten Endes sitzen wir nämlich alle im selben Boot.

Da haben wir es wieder: Alles hängt mit allem zusammen.

Richtig, alles hängt miteinander zusammen. Wenn ich als Klimaforscher an unsere Zukunft denke, also an einen Zeitraum von ungefähr dreißig, vierzig Jahren, ist das eine Grunderkenntnis, die entscheidend ist. Schützen wir das Klima, sorgen wir auch dafür, dass Werte wie Demokratie, Freiheit und Menschenrechte weiter bestehen. Wir müssen also größer denken, die Lobbyinteressen überwinden und dem Gedanken des Gemeinwohls wirklich Raum verschaffen. Dazu würde auch gehören, dass wir demokratische Bewegungen weltweit unterstützen, dass wir dafür sorgen, dass es keine politischen Gefangenen mehr gibt, dass die Menschenrechte überall eingehalten werden, dass das Lieferkettengesetz auch wirklich greift. Das wäre meine Vision.

Dazu gehört auch, dass sich jeder jeden Tag weiter anstrengt, oder?

Ja. Da ist es wie mit so vielen Errungenschaften: Wir müssen sie uns immer wieder erarbeiten. Wenn wir uns also einen lebenswerten Planeten erhalten wollen, müssen wir daran arbeiten. Und wenn wir die Freiheit der Demokratie erhalten wollen, müssen wir auch an ihr arbeiten. Jeden Tag.

Mojib, vielen Dank für deine Gedanken.

5
Ist das noch Wetter oder schon die Klimakrise, Friederike Otto?

Die fürchterliche Flutkatastrophe im Ahrtal 2021, bei der mehr als 200 Menschen ums Leben kamen; die Waldbrände in den USA und Kanada, in Australien, in Spanien, in Portugal, in Griechenland, der Türkei oder Spanien; der Hitzesommer 2018 oder die milden Winter der vergangenen Jahre; die Trockenperioden mit dem folgenden Waldsterben, die Missernten in der Landwirtschaft. Einfach nur Pech gehabt?

Es ist verdammt schwer, bei einzelnen Extremwetterereignissen zu sagen, welche Rolle der Klimawandel dabei jeweils spielte – oder eben auch nicht. Denn schließlich gab es ja auch früher schon Stürme, Fluten, Dürren und jede Menge anderer Katastrophen. Wetterkapriolen mit desaströsen Folgen durchziehen die gesamte Menschheitsgeschichte. Sie waren eine grausame Realität, lange bevor irgendjemand auf die Idee kam, Kohle zu verbrennen, tonnenschwere SUVs zu bauen oder Urlaubsflüge nach Australien anzubieten.

Allein 2018 starben in Deutschland an den Folgen der Hitze ungefähr 20 000 Menschen. Wie viele weniger wären es ohne den anthropogenen Klimawandel gewesen? Wären es überhaupt weniger? Wie viele Milliarden oder gar Billionen müssten Versicherungen nicht zahlen, wenn es nicht so viele Extremwetterereignisse gäbe? Wetterkatastrophen sind für alle Menschen auf diesem Planeten eine Bedrohung. Also ist die Frage, ob sie häufiger werden und wenn ja, warum, eine weltbewegende.

> Friederike Otto ist Physikerin, Klimatologin und Philosophin. An der University of Oxford leitete sie bis 2021 das Environmental Change Institute, an dem interdisziplinär zu Umweltveränderungen geforscht wird; inzwischen führt sie eine Forschungsabteilung zum gleichen Thema am Imperial College London. Sie war eine Leitautorin des Sechsten Sachstandsberichts des Weltklimarates IPCC, hat die Attributionsforschung mitbegründet und ist die weltweit wohl führende Vertreterin dieses Forschungszweiges. Dabei geht es unter anderem darum zu untersuchen, ob Extremwetterereignisse dem Klimawandel zuzuordnen sind. 2021 wurde sie vom »Time«-Magazin in die Liste der 100 einflussreichsten Menschen des Jahres aufgenommen. Das Wissenschaftsmagazin »Nature« benennt sie im selben Jahr als eine von zehn Forschenden weltweit, die die Wissenschaft besonders geprägt haben. Ihr h-Index, also die Kennziffer für weltweite Wahrnehmung in wissenschaftlichen Fachkreisen,

liegt bei 39 – ziemlich hoch. »Fredi«, wie sie meistens genannt wird, hat trotz der vielen Jahre im Ausland noch immer einen stark norddeutschen Zungenschlag. Obwohl sie ständig nach der Zukunft gefragt wird, lebt sie selbst lieber im Hier und Jetzt.

Wie ist denn das Wetter heute in London, Friederike?

Sonnig, relativ warm im Vergleich zu den letzten Tagen. Gerade im Winter bin ich immer sehr froh, dass ich nicht mehr in Berlin lebe.

Ist das schon Attributionsforschung oder einfach nur die Freude darüber, nicht frieren zu müssen?

Ich freue mich auch einfach mal, dass es nicht so kalt ist.

Deine Forschung verfolgt dich also nicht bis in jede Sekunde deines Alltags.

Nein, nein. Sonst wird man als Wissenschaftler auch verrückt. Man muss schon abschalten können, weil man sonst keinen Feierabend, kein Wochenende, gar nichts hat.

Du bist Mitbegründerin eines neuen Forschungszweigs, der uns eine der brennendsten Fragen der Gegenwart beantworten soll: Ist das noch Wetter oder schon die Klimakrise? Attributionsforschung nennt sich die Wissenschaft dazu.

Die Frage, die du gerade gestellt hast – ist das die Klimakrise oder das Wetter? – ist so eigentlich nicht richtig gestellt, denn auf diese Frage gibt es keine Ja- oder Nein-Antwort. Denn jedes Wetterereignis hat immer verschiedene Ursachen. Außerdem gab es schon immer Extremwetterereignisse, und auch die hatten unterschiedliche Ursachen. Anders gesagt: Die chaotische Variabilität im Wettersystem spielt immer eine Rolle. Daneben spielt eine Rolle, wo das Extremwetterereignis stattfindet. Findet es über dem Regenwald oder über einer Wüste statt? Und dann spielt eine Rolle, wie stark etwa eine Dürre im Vergleich zu vorangegangenen ausfällt. Das wiederum hängt auch damit zusammen, wie der Regen in den Jahreszeiten davor ausgefallen ist und so weiter ... Es gibt nicht die eine Ursache eines Wetterereignisses, sondern es ist immer ein Zusammenspiel verschiedener Faktoren.

Aber der menschengemachte Klimawandel kann die Häufigkeit des Auftretens und die Intensität von Extremereignissen beeinflussen und damit auch eine Ursache von vielen für Extremwetterereignisse sein. Der Kern der Attributionsforschung ist, genau diese Frage zu beantworten: Ob und wenn ja, wie sehr der menschengemachte Klimawandel die Intensität und Wahrscheinlichkeit des Auftretens eines bestimmten Extremwetterereignisses beeinflusst hat.

Wenige in der Forschung trauen sich, was du ständig machst: Du setzt naturwissenschaftliche Forschung in Aussagen um, die sofort in den gesellschaftlichen und politischen Diskurs durchschlagen. Die meisten Wissenschaftlerinnen und Wissenschaftler machen einen großen Bogen um dieses Minenfeld. Du bist mitten hinein. Hast du geahnt, was du dir damit antust?

Na ja, geahnt, was ich mir damit antue ... So würde ich das vielleicht nicht ausdrücken. Aber dass ich überhaupt mit dieser Forschung angefangen habe und dass ich vor allem zusammen mit meinem Kollegen Geert Jan van Oldenborgh die Initiative World Weather Attribution gegründet habe, hatte genau diesen Grund: Wir wollten naturwissenschaftliche Evidenz in die gesellschaftliche Debatte bringen. Denn es war in den Jahren, bevor wir diese Arbeit aufgenommen haben, immer der Fall, dass, wenn ein Extremwetterereignis aufgetreten ist, die Frage nach der Rolle des Klimawandels aufkam, und die einzige Gruppe der Gesellschaft, die sich dazu überhaupt nicht geäußert hat, war die Gruppe der Wissenschaftlerinnen und Wissenschaftler. Es haben sich nur Menschen zu Wort gemeldet, die nur politische Motive hatten, und das wollten wir ändern. Insofern war es ein ganz bewusster Schritt, dass wir mit dieser Forschung in die Öffentlichkeit gegangen sind. Was ich dabei nicht erwartet hätte, ist, dass wir es tatsächlich so schnell schaffen, die Diskussion um Extremwetter und den Klimawandel in der Gesellschaft zu verändern. Insofern bin ich also eigentlich extrem happy mit der Situation.

Das haben ja viele – ich übrigens auch – sehr lange vermisst: Wissenschaft, die Stellung bezieht.

Es gibt ja die Idee, dass Wissenschaft neutral und unpolitisch und objektiv ist oder zu sein hat. Aber ich meine, das ist Wissenschaft noch nie gewesen. Das kann Wissenschaft auch gar nicht sein, denn der Kern von Forschung ist der Erkenntnisprozess, also das Aufstellen von Hypothesen, das Testen von Hypothesen innerhalb einer wissenschaftlichen Community. Ein Prozess, bei dem man

Fehler macht, diese erkennt und dadurch neue Sachen herausfindet. Das, was diesen Prozess wissenschaftlich macht, ist eben, dass die Hypothesen, die man aufstellt, testbar sind und dass man alle Annahmen transparent macht und dass man die Hypothesen dann von den Kolleginnen und Kollegen im sogenannten Peer-Review-Prozess testen lässt. Das ist es, was Wissenschaft ausmacht.

Aber natürlich ist das alles weder neutral noch objektiv noch unpolitisch, denn es wird von Menschen gemacht. Das bedeutet, welche Fragen man stellt, ist immer davon beeinflusst, welche Werte, welche politischen Einstellungen man hat. Und natürlich spielt es auch eine wahnsinnig große Rolle, wer denn überhaupt wissenschaftlich arbeitet. De facto sind das nach wie vor im Wesentlichen weiße Männer. Und die stellen sicherlich andere Fragen als der Rest der Weltbevölkerung, wenn der mehr am Wissenschaftsbetrieb teilnehmen würde. Insofern ist die ganze Idee, dass Wissenschaft neutral, objektiv und unpolitisch ist, Quatsch. Es ist ein Klischee, das sich allerdings sehr hartnäckig hält. Auch bei Wissenschaftlern und Wissenschaftlerinnen selbst, die dann denken, dass sie unbedingt neutral sein müssen und deswegen nicht von ihren akademischen Papieren aufschauen und an der Debatte teilnehmen. Ich glaube aber, das ändert sich langsam. Gerade in der Coronapandemie sieht man, dass auch Wissenschaftlerinnen und Wissenschaftler an der Debatte teilnehmen. Doch es ist alles in allem nichts, was sich über Nacht ändert.

Nicht neutral, nicht objektiv und auf gar keinen Fall unpolitisch – wir haben es immer gewusst. Lass uns nun deine Forschung genauer ansehen. Man kann sie auch Zuordnungsforschung nennen, da ihr versucht, einzelnen Ereignissen Kausalitäten zuzuordnen. Wie funktioniert das?

Die Idee hinter dem, was wir machen, ist eigentlich ziemlich einfach. Der Klimawandel beeinflusst im Wesentlichen auf zwei verschiedene Arten das Wetter. Zum einen haben wir mehr Treibhausgase in der Atmosphäre, dadurch wird die Atmosphäre insgesamt wärmer, was die Wahrscheinlichkeit für Hitzewellen erhöht und die für Kältewellen verringert. Eine wärmere Atmosphäre kann auch mehr Wasserdampf enthalten. Das heißt, im globalen Mittel erwarten wir mehr Starkregen.

Dann gibt es noch einen zweiten Effekt, den sogenannten dynamischen Effekt. Dadurch, dass wir die Zusammensetzung der Atmosphäre und auch die Temperaturunterschiede innerhalb der Atmosphäre verändern, verändern wir die atmosphärische Zirkulation. Das heißt, es ändert sich, wo Wettersysteme entstehen, wie sie sich bewegen, wohin Hoch- und Tiefdruckgebiete wann ziehen. Dieser zweite Effekt ist nicht überall gleich, sondern extrem unterschiedlich und kann entweder in die gleiche Richtung wie die Erwärmung alleine wirken oder entgegengesetzt. Durch die Erwärmung allein erwarten wir zum Beispiel mehr Starkregen. Aber dann entstehen durch die Veränderung der atmosphärischen Zirkulation auch noch mehr Tiefdruckgebiete, die den Effekt der Erwärmung – Starkregen – noch verstärken. Wenn aber keine Tiefdruckgebiete entstehen, kann man im Mittel zwar mit Starkregen rechnen. Der fällt dann jedoch nicht da, wo die Regengebiete nicht hinkommen können, und dann wird es dort sogar trockener. Oder es gibt gar keine Veränderung. Weil diese beiden Effekte immer zusammenspielen, kann man nicht pauschal sagen, dass sich das Wetter überall in derselben Art und Weise verändert. Man muss sich individuelle Regionen und individuelle Arten von Extremwetterereignissen anschauen.

Das waren jetzt zwei Effekte, die du beschrieben hast. Es gibt aber noch viel mehr, die sich mal verstärken, mal aufheben, die sich auf unterschiedliche Art und Weise gegenseitig beeinflussen.

Ja, natürlich. Genau diese Effekte umfassen ganz, ganz viele verschiedene Komponenten, auch die Thermodynamik ist lokal unterschiedlich, verhält sich über trockenen Gebieten zum Beispiel anders als über Wasser. Aber im Wesentlichen gibt es diese beiden Komponenten, die Erwärmung und den dynamischen Effekt.

Was wir dann in der Attributionsforschung machen, um die Frage nach der Rolle des Klimawandels trotz dieser Komplexität zu beantworten, ist: Wir schauen uns an, was mögliches Wetter in der Welt ist, in der wir heute leben, also mit der globalen Erwärmung von 1,2 Grad, die wir schon jetzt haben. Und dann vergleichen wir dieses Szenario mit möglichem Wetter in einer Welt, wie sie ohne den Klimawandel sein würde. Weil wir sehr genau wissen, wie viele Treibhausgase seit Beginn der industriellen Revolution zusätzlich in die Atmosphäre gelangt sind, können wir diese Menge in den Klimamodellen aus der Atmosphäre wegnehmen und so eine kontrafaktische Welt simulieren, wie sie ohne den Klimawandel sein würde.

Das heißt, wenn wir zum Beispiel wissen wollen, welche Rolle der Klimawandel bei den Waldbränden in Kanada und im Nordwesten der USA im Sommer 2021 gespielt hat, schauen wir uns die möglichen Hitzewellen in dieser Region im Sommer 2021 an. In der realen Welt. Und dann schauen wir uns die möglichen Hitzewellen in einer fiktiven Welt an, einer ohne die zusätzlichen Treibhausgase.

Das Potsdam-Institut für Klimafolgenforschung definiert ein Klimamodell folgendermaßen:
»Weil die Wirklichkeit sehr komplex ist, braucht man in der Wissenschaft Modelle, die eine vereinfachte Darstellung der Realität sind und zu einer bestimmten Fragestellung und aufgrund theoretischer Annahmen gebildet werden.

Klimamodelle versuchen, Aussagen über die Klimaentwicklung zu treffen. Die interessante Frage ist dabei, an welchen Orten, zu welcher Zeit und mit welcher Intensität sich das Klima verändert. Die Daten dafür ziehen Wissenschaftler aus sogenannten Proxydaten (aus Baumring-Analysen, Radiokarbon-Methoden oder Pollen-Analysen). Um Informationen über die zukünftige Klimaentwicklung zu geben, braucht man Modelle, die die Vergangenheit möglichst genau abbilden und gleichzeitig Aussagen über zukünftige Klimaentwicklungen anhand dieser Daten treffen können.

Mithilfe von Computersimulationen werden die komplexen physikalischen und chemischen Prozesse des Klimasystems aus der Atmosphäre und den Ozeanen simuliert und durch Klimamodelle dargestellt. Berechnet werden dabei die Energie- und Strahlungsbilanz zwischen Sonneneinstrahlung und Rückstrahlung ins All und die verschiedenen Wechselwirkungen zwischen Atmosphäre und Erdoberfläche.

> Eine wesentliche Funktion eines Klimamodells ist der Vergleich von vorhandenen Messdaten mit Modellrechnungen für vergangene Klimaveränderungen. Dies ermöglicht eine Prüfung, inwieweit das im Klimamodell enthaltene Wissen zutreffend ist. Ein so überprüftes Klimamodell erlaubt dann die Abschätzung zukünftig zu erwartender Klimaveränderungen in Abhängigkeit von verschiedenen Faktoren.«

Also speist du deine Daten in Klimamodelle ein, in denen du die Parameter verändern kannst? Etwa indem du die Erwärmung durch den anthropogenen Klimawandel hinzufügst oder weglässt?

Jein. Fast.

Immerhin »jein«.

Also, wir arbeiten mit verschiedenen Klimamodellen, aufwendig geschriebenen Computerprogrammen basierend auf physikalischen Gleichungen, die verschiedene Realisierungen des heutigen Klimas abbilden, und die gleichen Modelle haben wir eben auch für eine 1,2 Grad kühlere Welt. Auf diese beiden Sorten von Modellen greifen wir zurück. Wenn ich für jedes Ereignis erst das Modell neu schreiben müsste, würden wir niemals schnelle Ergebnisse bekommen, sondern es würde jedes Mal Jahre dauern, bis man Ergebnisse erhielte.

Bei all dem ist natürlich die Frage, und das ist eine der kritischsten und schwierigsten Fragen in der Attributionsforschung und auch in jeder einzelnen Studie: Wie definiere ich ein Extremwetterereignis, zum Beispiel eine Hitzewelle? Darunter kann sich zwar erst einmal jeder etwas vorstellen, aber wenn es darum geht, eine Hitzewelle zu charakterisieren, fallen die Antworten unterschiedlich aus. Man kann zum Beispiel sagen, eine Hitzewelle ist, wenn die Temperaturen in einem bestimmten geografischen Bereich über einer bestimmten Schwelle liegen. Das hieße dann, alles über 30 Grad Celsius nennen wir Hitzewelle. Man kann aber auch erst dann von einer Hitzewelle sprechen, wenn die hohen Temperaturen tatsächlich anfangen, zu großen Schäden zu führen, also wenn sie mindestens drei Tage anhalten, weil es dann für den menschlichen Körper extrem anstrengend wird. Das hieße also, dass wir von einer Hitzewelle sprechen, wenn die Temperatur eine bestimmte Schwelle für mindestens drei Tage überschreitet. Dann kann man aber noch weitergehen und sagen, dass der Stress, den Hitze für den menschlichen Körper bedeutet, auch extrem davon abhängt, wie hoch die Luftfeuchtigkeit ist. Und weiter: Interessieren wir uns nur für die Auswirkungen dieser Hitzewelle? Oder wollen wir Hitzewellen betrachten, die ähnliche meteorologische Strukturen haben? Also müssten wir uns zum Beispiel auch angucken, wie der Luftdruck ist. Und so weiter und so fort ...

Man kann unendlich viele Methoden finden, ein Extremwetterereignis zu charakterisieren. Und je nachdem, für welche Charakterisierung oder Definition man sich entscheidet, bekommt man unterschiedliche Ergebnisse hinsichtlich der Rolle, die der Klimawandel dabei spielt. Das heißt also, einer der schwierigsten und auch entscheidenden Schritte in so einer Studie findet statt, bevor man überhaupt anfängt, nämlich indem man fragt, was denn eigentlich genau passiert ist und welche Aspekte dieses Ereignisses am relevantesten sind, um es zu definieren.

Und wie macht ihr dann weiter? Es geht ja darum, herauszufinden, welchen Anteil der Klimawandel am jeweils untersuchten Extremwetterereignis hat. Wirft eure Computersimulation am Ende wie ein Kaugummiautomat das Ergebnis aus? Also zum Beispiel: Die Wahrscheinlichkeit für eine Hitzewelle mit Waldbränden in Kanada ist durch den menschlichen Einfluss zehnmal höher als ohne? Liefern euch die Berechnungen derart konkrete Zahlen?

Jein.

Wieder nur ein »Jein«?

In vielen Fällen ergeben sich tatsächlich konkrete Zahlen. Wichtig aber ist, dass das Ergebnis natürlich kein einzelner Wert, sondern immer ein Bereich ist. Denn keine naturwissenschaftliche Messung, egal ob in einem Modell oder in der Realität, ist derart exakt. Es gibt sozusagen immer einen Sicherheitsbereich, und je nachdem, was man misst, ist dieser kleiner oder größer. Konkret können wir zum Beispiel herausfinden, dass starke Niederschläge im Winter in England aufgrund des Klimawandels 1,5- bis 3-mal wahrscheinlicher geworden sind.

Das ist ja schon sehr konkret.

Richtig, in dem Fall sind die Unsicherheiten vergleichsweise klein.

Wie fühlt es sich für dich an, wenn du bei jedem Extremwetterereignis hörst, ja, ja, das ist der Klimawandel?

Darüber ärgere ich mich sehr.

Ich kann mir gut vorstellen, dass du dich als Forscherin über solche Aussagen aufregst.

Im öffentlichen Diskurs hieß es lange Zeit, ach, Wetter gab es schon immer. Und Klimawandel ist irgendetwas, das irgendwo anders in ferner Zukunft passiert. Das ist jetzt komplett umgeschwenkt, jetzt ist auf einmal alles irgendwie Klimawandel, und alles ist schlimmer als zuvor. Beides ist natürlich falsch. Denn erstens wird nicht jedes Extremereignis durch den Klimawandel extrem. Zweitens ist die Rolle, die der Klimawandel spielt, wenn er denn involviert ist, oft relativ klein im Vergleich zu anderen Faktoren, etwa der Vulnerabilität …

… das meint die Verwundbarkeit und Empfindlichkeit eines Systems …

Entscheidend ist ja nicht nur die Stärke eines Extremwetterereignisses, sondern auch, wie sehr Menschen, Häuser und Infrastruktur diesem Ereignis ausgesetzt sind.
Ein Beispiel sind die Überschwemmungen im Ahrtal 2021. Natürlich waren die extremen Niederschläge der Auslöser. Aber dass dort so viele Menschen gestorben sind, lag zum einen an der Geografie der Region – es gibt dort relativ tiefe kleine Flüsse, die extrem schnell und stark über die Ufer treten können –, es

lag aber unter anderem auch daran, dass es sich um ein extrem dicht bebautes Gebiet handelt, wo wenig Wasser versickern kann, wo die Böden sehr stark versiegelt sind. Und dann spielte eine Rolle, dass es zwar Flutwarnungen vom Deutschen Wetterdienst und vom Europäischen Hochwasserwarnsystem gab, die die Menschen in der Gegend aber zum Großteil nicht erreicht haben. Und wenn die Warnungen sie doch erreicht haben, wussten die Leute nicht, wohin. Es gab keinerlei Informationen darüber, wohin man vor dem Wasser fliehen sollte. All dies spielte eine große Rolle. Und natürlich auch der Klimawandel, denn die Niederschläge waren intensiver, als sie es ohne den Klimawandel gewesen wären.

Aber auch ohne den Klimawandel hätte es ein Starkregenereignis gegeben, das zu Überschwemmungen geführt hätte. Insofern spielen die Faktoren, die die Vulnerabilität betreffen, eine sehr große Rolle. Deswegen wäre es falsch, die lokalen Faktoren und den Klimawandel gegeneinander auszuspielen. Es ist nicht entweder der Klimawandel oder irgendetwas anderes, sondern es ist so, dass der Klimawandel die Probleme, die sowieso schon vorhanden sind, verstärken kann und das auch oft tut.

Es macht bestimmt einen Unterschied, ob an den Ufern der Flüsse Maisfelder liegen, wo der Boden schnell weggeschwemmt wird, oder ob es Vegetation gibt, die das Wasser für eine Weile halten kann. Wir Menschen haben ja den nachvollziehbaren Wunsch, nach einem Unglück möglichst eindeutig zu sagen: Daran lag es! Wie gehen wir damit um? Es ist doch für die öffentliche Debatte wichtig, sogar entscheidend, sagen zu können: Das ist die Ursache, das müssen wir ändern.

Tja, wenn ich darauf eine richtig gute Antwort hätte, wären wir wahrscheinlich schon ein bisschen weiter im öffentlichen Diskurs. Wahrscheinlich sind wir sogar selbst ein bisschen schuld an dieser Situation. Es war eben lange Zeit so, dass man die Frage nach der Rolle des Klimawandels gar nicht beantworten konnte. Und dann konnte man sie beantworten, und seitdem haben wir etwas – das große böse Klimawandelmonster –, dem man die Schuld in die Schuhe schieben kann. Das ist natürlich einfacher, als mit der Komplexität umzugehen, die die Welt nun einmal hat. Auch haben wir gerade am Anfang die Ergebnisse der Studien so kommuniziert, dass das, was in der Öffentlichkeit ankam, vor allem die Rolle des Klimawandels war und nicht das ganze Drumherum.

Die Herausforderung war und ist, dass wir die Ergebnisse unserer Studien auf eine Weise kommunizieren, dass nicht nur der Satz »zehnmal wahrscheinlicher wegen des Klimawandels« hängen bleibt, sondern auch der Kontext und die Wichtigkeit dieses Kontexts. Bis jetzt habe ich dafür noch keine Patentlösung, aber ich glaube, dass wir besser geworden sind.

Die Rolle des Klimawandels ist also wichtig, aber immer ins Verhältnis zu setzen. Das ist nicht einfach zu verstehen. Können wir es uns, natürlich stark vereinfacht, vielleicht so vorstellen: Jeder Mensch kann mit einer gewissen Wahrscheinlichkeit Atemwegserkrankungen, Herzkreislaufprobleme oder Lungenkrebs bekommen. So etwas passiert. Aber wenn ich dann zusätzlich auch noch rauche, steigt eben die Wahrscheinlichkeit, dass mir so etwas widerfährt. Und die einzelnen Erkrankungen können auch heftiger ausfallen. Können wir uns die Klimakrise in etwa so vorstellen? Wie das Rauchen?

Das ist kein schlechter Vergleich. Es ist halt bloß so, dass das Rauchen nur auf den Raucher schlechte Auswirkungen hat. Und die Klimakrise als globales Phänomen im Grunde auf uns alle. Natürlich unterschiedlich stark und nicht immer extrem.

In Einzelfällen hat sie sogar positive oder zumindest gefühlt positive Auswirkungen auf die Bewohner der jeweiligen Region. Auf Grönland zum Beispiel sind manche ganz glücklich.

Ja, genau. Russland ist ein anderes Beispiel. Da kann man jetzt in einigen Teilen Landwirtschaft betreiben, was ohne den Klimawandel gar nicht möglich wäre.

Das müssen wir jetzt einmal festhalten: Der Klimawandel hat in Ausnahmefällen sogar positive Effekte. Die Wetterphänomene werden also nicht überall extremer und schlimmer. Was mir an euren Studien auch aufgefallen ist, dass es Gegenden in der Welt gibt, die von dieser Zuspitzung aus verschiedenen Gründen ausgenommen sind. Es gibt Gegenden fast ohne zusätzliche Extremereignisse.

Das stimmt. Die Auswirkungen sind sehr unterschiedlich, und das hängt vor allem vom Typ des Extremwetterereignisses ab. Hitzewellen zum Beispiel werden eigentlich überall wahrscheinlicher und intensiver, aber eben auch nicht überall gleich stark.

Können wir also, vorsichtig ausgedrückt, sagen, dass Hitzewellen immer und überall ein eindeutiges Zeichen dafür sind, dass der Klimawandel voranschreitet?

Hitzewellen sind zumindest das, woran man am deutlichsten den Klimawandel merkt. Während zum Beispiel Starkregenereignisse aufgrund des Klimawandels zwei- oder dreimal wahrscheinlicher werden, werden Hitzewellen 100- bis 1000-mal wahrscheinlicher. Das ist eine ganz andere Größenordnung.

Eine furchteinflößende übrigens.

Und insofern sind Hitzewellen natürlich viel deutlicher zu merken als Starkregen. Und sie sind einfach als Klimawandelsignal so stark, daher schaut man gerade auf Hitzewellen viel genauer. Insofern kann man schon sagen, dass sich der Klimawandel als allererstes und am deutlichsten in den Hitzewellen manifestiert.

Gleichzeitig werden Kältewellen viel unwahrscheinlicher. Ereignisse, die nicht stattfinden, sind natürlich nicht so bemerkenswert wie Ereignisse, die stattfinden und große Folgen haben. Denn Hitzewellen sind auch mit Abstand die tödlichsten Extremereignisse.

Ja, wenn Kältewellen ausbleiben, spürt man das nicht. Aber die Wissenschaft und die Statistik bringen es dann natürlich doch ans Licht.

Weil es in Deutschland durch das Ahrtal-Unglück nach wie vor ein wirklich großes Thema ist, würde ich gern noch einmal über extreme Regenfälle sprechen. Eure Initiative World Weather Attribution hat zusammen mit dem Deutschen Wetterdienst das Unglück untersucht.

Die Attributionsstudie kommt unter anderem zu dem Schluss, dass ein Starkregenereignis wie das im Ahrtal unter den derzeitigen klimatischen Verhältnissen in einer bestimmten Region einmal in 400 Jahren zu erwarten ist. In einem größeren Gebiet kann es entsprechend mehrere solche Ereignisse im selben Zeitraum geben. Weil es durch den Klimawandel bereits 1,2 Grad wärmer geworden ist, hat sich dabei die Intensität der Niederschläge um 3 bis 19 Prozent erhöht. Vereinfacht gesagt: Es hat wegen des Klimawandels wohl mehr geregnet als es ohne Klimawandel der Fall gewesen wäre. Und auch die Wahrscheinlichkeit, dass es so einen heftigen Regentag überhaupt gibt, hat sich erhöht – um einen Faktor zwischen 1,2 und 9. Wörtlich heißt es in der Studie: »Aufgrund aller verfügbaren Daten, einschließlich des physikalischen Verständnisses, der Beobachtungen und verschiedener regionaler Klimamodelle, können wir mit Konfidenz schlussfolgern, dass der vom Menschen verursachte Klimawandel die Wahrscheinlichkeit und Intensität des Auftretens eines solchen Ereignisses in der größeren Region erhöht hat. Diese Veränderungen werden sich in unserem weiter erwärmenden Klima fortsetzen.«

Das ist eine ziemlich klare Aussage. Und eine um den Faktor 1,2 bis 9 erhöhte Wahrscheinlichkeit ist ganz schön krass. Das ist eine ziemlich große Zahl.

Ja, das ist eine ziemlich große Zahl. Der Unsicherheitsbereich ist in dem Fall so groß, weil es ein extrem kleinräumiges Ereignis war. Mit den üblichen Klimamodellen kann man solche kleinräumigen Starkniederschlagsereignisse schlecht modellieren. Das heißt, wir mussten eine andere Art von Klimamodellen heranziehen, nämlich solche, die sehr nah an die Wetter- und Wettervorhersage-Modelle heranreichen. Die sind sehr, sehr hoch aufgelöst, dadurch aber auch extrem teuer, wenn man sie laufen lässt. Deshalb konnten wir sie nicht so oft laufen lassen wie bei anderen Ereignissen, wir hatten nur fünf bis zehn Realisierungen möglichen Wetters. Darum ist der Unsicherheitsbereich in diesem Fall so groß.

Weil du gerade Unsicherheit und Genauigkeit ansprichst: Etwas, womit die Klimadiskussionen oft ausgehebelt werden, ist die fehlende Präzision. Können wir auch hier vielleicht noch mal unseren Rauchervergleich verwenden?

Wenn ein Raucher zur Ärztin geht und die ihm sagt, dass er eine schlimme Krankheit hat, an der er sterben wird, wenn sie nicht behandelt wird, ist es doch eigentlich egal, ob der Todestag des Rauchers voraussichtlich ein Montag oder Mittwoch sein wird. Die Information bleibt dieselbe: Wenn die Krankheit nicht behandelt wird, wenn der Raucher seinen Lebensstil nicht ändert, wird er an dieser tödlichen Erkrankung zugrunde gehen. Und das ist die entscheidende Information. Nicht der Wochentag.

Warum fordert man von euch, von dir, von der Klimaforschung eine Präzision, die man doch eigentlich gar nicht benötigt? Es reicht doch, wenn man weiß: So wie wir im Moment mit unserer Atmosphäre umgehen, hat das extrem negative Folgen. Trotzdem fragen wir jedes Mal aufs Neue, ob das jetzt wirklich die Klimakrise ist und wann und wo denn wohl das nächste

Extremwetterereignis kommt. Die Frage darf doch nicht lauten, ob die nächsten Flutopfer an einem Montag oder einem Mittwoch zu beklagen sein werden. Trotzdem verlangt man von Forschenden wie dir diese absurde Präzision. Warum?

Wir haben es der fossilen Industrie zu verdanken, dass die Klimawissenschaften so behandelt werden, als wären sie irgendwie eine besonders unsichere oder besonders komplizierte oder besonders merkwürdige Art der Physik. Und als wären die Unsicherheiten in der Klimaphysik irgendwie anders als die Unsicherheiten, die es in allen anderen Wissenschaftsbereichen gibt.

Mir ist das schon oft aufgefallen. Und ich habe mich schon sehr oft darüber geärgert, dass diese Präzision anderswo nicht eingefordert wird.

Die man auch nicht liefern kann. Niemand erwartet von den Vorhersagen zur Entwicklung des Wirtschaftswachstums, dass sie exakt so eintreffen.

Die Prognosefähigkeit der Wirtschaftswissenschaften ... darüber reden wir mal lieber nicht, sonst machen wir uns viele Feinde.

Ja, aber ich meine, die können auch gar nicht genauer arbeiten, weil die Wirtschaftswissenschaften im Gegensatz zu den Klimawissenschaften eben nicht auf Gesetzen der Physik beruhen. Das heißt also, dass dort gar keine präzisen Aussagen getroffen werden können, aber für die Wirtschaftswissenschaften ist das in

Ordnung und wird von allen akzeptiert. Und bei uns eben nicht. Das haben wir, wie gesagt, der fossilen Industrie zu verdanken. Die wussten in den 1950er- und 1960er-Jahren ganz genau, dass ihr Wirtschaftsmodell – fossile Brennstoffe auszubuddeln und zu verkaufen, damit sie verbrannt werden –, zum Klimawandel führt. Mit extremen Folgen. Und anstatt zu sagen, wir ändern unser Wirtschaftsmodell, haben sie gesagt, nein, wir möchten weiter fossile Brennstoffe verkaufen. Wie machen wir das? Wir streuen Zweifel an den Aussagen der Klimawissenschaften. Sie haben dann ganz massive Kampagnen gefahren, um in die Welt zu setzen, dass man das alles doch gar nicht so genau wisse, dass das alles ganz unsicher sei. Und es hat funktioniert. Es hat jahrelang hervorragend funktioniert. Und das spüren ich und die ganze Community bis heute in unserer Arbeit sehr deutlich, und vor allem natürlich die ganze Welt an den extrem gestiegenen Temperaturen.

Da hast du leider recht. Trotzdem würde ich gern noch einmal konkret zum Wetter zurückkehren, denn was man nach Extremwetterereignissen sehr oft lesen kann, ist, dass sich die globale Zirkulation, über die wir schon gesprochen haben, verändert, also dass Hoch- oder auch Tiefdruckgebiete länger an einem Ort verweilen und deshalb extremere Folgen haben. Ist das so? Kann man das so einfach sagen?

Nein, so einfach kann man das nicht sagen. Es gibt Theorien, dass sich aufgrund des Klimawandels der Jetstream verändert. Den Jetstream kann man als ein starkes Windband beschreiben, das in der oberen Atmosphäre weht und einen ziemlich großen Einfluss auf das Wetter hat. Dieser Jetstream weht beständig. Manchmal hat er sein Zentrum direkt über dem Atlantik, manchmal hat er sein Zentrum ein bisschen weiter südlich oder nördlich.

Und schiebt so die Hoch- und Tiefdruckgebiete durcheinander und mischt die Karten sozusagen neu.

Genau. Er ist auch kein starres Band, das um die Erde weht, sondern er mäandert.

Und die Geschwindigkeit, mit der er mäandert, soll angeblich durch die Klimaveränderung beeinflusst sein.

Genau. Die erwähnten Theorien besagen nun, dass sich die Eigenschaften des Jetstreams dadurch verändern, dass die Pole sich stärker erwärmen als die Tropen. Das heißt also dadurch, dass sich der Temperaturunterschied in der Atmosphäre aufgrund des Klimawandels verändert. Diese Annahme macht grundsätzlich Sinn, und wenn man sehr theoretische Modelle oder vereinfachte Klimamodelle hat, sieht man diesen Effekt auch.

In den komplexen Klimamodellen, also in den Modellen, die alle Teile des Klimasystems, die wir simulieren können, beinhalten, erkennt man diesen Effekt allerdings nicht wirklich. Und man sieht ihn auch nicht wirklich in den Beobachtungsdaten. Das heißt, es kann sein, dass man ihn noch nicht sieht, dass es also ein Effekt ist, der auftreten wird, den man aber jetzt noch nicht sehen kann. Und dass die Klimamodelle an dieser Stelle einfach falsch sind, weil sie das nicht sinnvoll simulieren. Es kann aber auch sein, dass es den Effekt zwar in erster Näherung gibt, dass er aber durch andere Effekte wieder aufgehoben wird. Das ist Gegenstand von viel Forschung, und darauf würden wir gerne eine Antwort haben, doch bisher fehlt diese noch.

Wie immer in der Wissenschaft habt ihr viel mehr Fragen als Antworten. Das muss selbstverständlich so sein, denn es gehört zum Wesen der Wissenschaft. Trotzdem hat das, was ihr tut, bereits sehr konkrete Folgen, etwa in der Rechtsprechung. Juristinnen und Juristen machen sich ja schon länger Gedanken darüber, ob man die Verursacher der Klimakrise nicht irgendwie am Schlafittchen kriegen kann, so wie die Tabakkonzerne für die Folgen des Rauchens. Konzerne wie RWE, wie Shell, wie Gazprom zum Beispiel. Die haben jahrzehntelang Kohle, Öl oder Gas gefördert und davon profitiert. Nun kann man, auch dank eurer Initiative World Weather Attribution, feststellen, dass das, was diese Konzerne gemacht haben, einen bestimmten Anteil an den Schäden hat, die Extremwetterereignisse verursachen. Man könnte also versuchen, die Konzerne juristisch zur Verantwortung zu ziehen. Wie der peruanische Bauer Saúl Luciano Lliuya, der RWE in Deutschland verklagt hat. Deine Forschung liefert dazu ja die Munition. War dir das klar?

Ob mir das klar war?

Du bist Philosophin, du kannst dich nicht herausreden. Du bist zu schlau um zu sagen, darüber habe ich nicht nachgedacht. Das würde ich dir nämlich nicht abkaufen.

Also gut. Ja, es war mir klar.

Und was sagst du: Ist es das, was wir jetzt brauchen? Sollten die Naturwissenschaftlerinnen und Naturwissenschaftler auch dahin gehen, wo ihre Resultate konkret angewendet werden? Also etwa Gutachten in Gerichtsprozessen erstellen? Viele Forschende, insbesondere in der Grundlagenforschung, haben da ein Störgefühl, sie wollen nicht in aktuelle politische Debatten hineingezogen werden. Du bist da anders.

Wir Wissenschaftler werden ja letztendlich von den Steuergeldern aller bezahlt. Das heißt also, dass es schon irgendwie Teil unseres Mandats als Wissenschaftler ist, Forschung zu machen, die relevant ist. Natürlich ist Grundlagenforschung nicht irrelevant, aber nur Grundlagenforschung zu machen, reicht eben nicht. Der Klimawandel ist in dieser Hinsicht ein gutes Beispiel. Wir kennen viele Ursachen schon relativ lange, und wir wissen, was wir tun müssen, um ihn zu vermeiden. Wir wissen, dass wir aufhören müssen, fossile Brennstoffe zu verfeuern und Treibhausgase in die Atmosphäre zu pumpen. Das alles ist relativ klar. Da lautet die Frage an alle nun: Wie setzt man das politisch um?

Was die Auswirkungen betrifft, gibt es noch ganz, ganz viele offene Fragen, und zwar gerade auf den Ebenen, auf denen Entscheidungen getroffen werden zu Anpassungsmaßnahmen, zu Resilienz und so weiter. Und hier versuche ich, mit meiner Forschung Antworten zu finden, Antworten zu realen Problemen und nicht zu Modellen. Manchmal muss man den Umweg über Modelle nehmen, weil man nicht weiß, wo man anfangen soll und erst einmal theoretisch etwas ausprobieren möchte.

Und dann, denke ich, ist es auf alle Fälle eine wichtige Auf-

gabe zu schauen, wie ich meine Forschungsfragen so formulieren kann, dass sie möglichst auf vielen verschiedenen Gebieten breite Anwendung finden.

Wenn Saúl Luciano Lliuya gegen RWE gewinnt, hat das den Klimawandel noch nicht aufgehalten. Aber es würde zeigen, dass Konzerne wie RWE nicht immun gegen die Schäden sind, die sie wissentlich mit ihrem Geschäftsmodell anrichten. Und das kann dann hoffentlich dazu beitragen, dass diese Konzerne schneller ihr Geschäftsmodell ändern, was positiv für alle wäre.

Sag mal, ist das eigentlich die Philosophin in dir, die dazu führt, dass du dich mit solchen Fragen ein bisschen intensiver beschäftigst? Dass du dich fragst: Was tue ich hier eigentlich, wer will ich sein und was ist meine Verantwortung?

Ich weiß nicht, ob das die Philosophin in mir ist. Aber ich glaube, dass die Art und Weise, wie ich wissenschaftlich arbeite, ganz viel damit zu tun hat, dass ich Philosophie studiert habe. Hätte ich nur Physik studiert und wäre danach in die Forschung gegangen, würde ich wohl kaum etwas anderes machen, als wissenschaftliche Papiere zu schreiben.

Da haben wir Glück, finde ich. Dass du über den Tellerrand der reinen Datenevidenz hinausschaust. Jetzt habe ich eigentlich nur noch eine Frage, Friederike. Du beschäftigst dich damit, welche schlimmen Folgen der anthropogene Klimawandel haben kann. Wie schlimm wird es wirklich? Dürfen wir noch Hoffnung haben?

Friederike Otto

Natürlich dürfen wir noch Hoffnung haben. Wenn wir hoffen, dass sich unsere Probleme irgendwie von alleine in Luft auflösen, ist das natürlich Quatsch, aber Hoffnung, dass es sich zum Besseren verändert, ist, denke ich, auf alle Fälle geboten. Vor allem aber brauchen wir Mut. Und der ist zunehmend da. Gerade in den letzten Jahren haben wir deutlich gesehen, dass viel mehr Menschen den Mut gefunden haben zu sagen, dass es so nicht weitergehen kann, dass die Folgen einfach zu dramatisch sind. Wir wissen ja, dass es anders geht. Und so sehen wir jetzt auf sehr vielen Ebenen immer mehr Menschen, die das auch wirklich umsetzen wollen. Natürlich gibt es immer noch viele Bremser. Aber wenn ich mir anschaue, was Bewegungen wie Fridays for Future erreicht haben, bin ich schon beeindruckt. Der Klimawandel ist auf jeder Vorstandsetage und eigentlich überall ein wichtiges Thema. Und die Finanzindustrie möchte händeringend herausfinden, was denn ihre Klimarisiken sind und wie man sie am besten einschätzen kann. Da hat sich wahnsinnig viel verändert. Wir spüren jetzt vielleicht noch nicht direkt die Auswirkungen dieser Veränderung, aber ich denke, das, was bisher erreicht wurde, gibt ganz viel Mut und ganz viel Hoffnung. Vor allem hoffe ich, dass es noch mehr Menschen anspornt, ebenfalls zu sagen, so machen wir nicht mehr weiter. Wir müssen etwas ändern.

Bei dir darf ich zum Schluss einen Philosophen zitieren. Nämlich Karl Popper: »Optimismus ist Pflicht.« Das glaube ich auch bei dir herausgehört zu haben: Du hast nicht wirklich gute Laune, aber weil wir keine Wahl haben, müssen wir optimistisch bleiben. Habe ich das richtig verstanden?

Eigentlich habe ich fast immer gute Laune. Ich habe sogar meistens ziemlich unerträglich gute Laune.

Das ist mal ein Schlusswort. Friederike, vielen Dank für deine Gedanken.

6

Können wir uns unsere Zukunft noch leisten, Claudia Kemfert?

1,1 Billionen Ein-Euro-Münzen nebeneinander gelegt reichen von der Erde bis zum Mond. Und dann wieder zurück zur Erde. Und wieder zum Mond und wieder zurück und noch mal und noch mal und immer noch mal hin und her. Insgesamt 66 Mal könnte man die Erde-Mond-Strecke mit Euromünzen pflastern.

1,1 Billionen Euro sind unvorstellbar viel Geld. Aber so teuer wäre es wahrscheinlich, Deutschlands Energieversorgung bis 2050 klimaneutral zu gestalten. Das hat vor ein paar Jahren das Fraunhofer-Institut kalkuliert. Mit eingerechnet haben die Experten und Expertinnen allerdings nur die Dekarbonisierung der Energieversorgung. Dazu kämen gewaltige Summen für all die anderen Umweltschutzmaßnahmen, die notwendig sind, um unsere Zukunft zu sichern – von der Renaturierung der Flüsse über eine nachhaltige Landwirtschaft bis hin zum grünen Wohnungsbau und zu CO_2-neutralen Serverparks, damit wir weiter Katzenvideos streamen können, ohne dabei Grönlands Eiskappe abzuschmelzen. Wir brauchen mehr Windräder, mehr Solarzellen, mehr Naturschutzgebiete, mehr nachhaltig produzierte T-Shirts, recycelte Joghurtbecher und Grillkohle, für die kein Regenwald abgeholzt wird. Klima- und Umweltschutz sind zwar auch eine Frage der Haltung, vor allem aber eine des Geldes. Und am Gelde hängt, zum Gelde drängt doch alles, klagte schon Goethe, der zwar den Beginn der Industrialisierung miterlebte, von der Klimakrise aber nicht das Geringste ahnte.

1,1 Billionen! Wer soll das bezahlen?

Professor Dr. Claudia Kemfert leitet am Deutschen Institut für Wirtschaftsforschung die Abteilung Energie, Verkehr und Umwelt und ist Professorin für Energiewirtschaft und Energiepolitik an der Leuphana Universität Lüneburg. Sie ist Mitglied in der Deutschen Gesellschaft Club of Rome und im Sachverständigenrat für Umweltfragen der Bundesregierung. Die Wirtschaftswissenschaftlerin ist eine der meistzitierten Umweltökonominnen weltweit. Zudem ist sie Autorin mehrerer populärwissenschaftlicher Bücher zum Thema Klimaschutz und Energiewende. Sie meint, das mit den 1,1 Billionen sei im Grunde gar kein Problem.

Jetzt mal im Ernst, kein Problem? Wer soll das bezahlen?

Claudia Kemfert

Die Frage lautet immer: Was heißt teuer, und was heißt im Umkehrschluss billig? Was wir im Moment wissen, ist, dass das jetzige System teuer ist. Damit meine ich in erster Linie das konventionelle Energiesystem und die sich daraus ergebenden Kosten der Folgeschäden – die Zerstörung der Landwirtschaft, die Zerstörung des Klimas, der Umwelt – sowie eine nicht nachhaltige Wirtschaftsweise. Die ist relativ teuer. Das alles zahlen wir größtenteils versteckt über den Staatshaushalt, teils werden die Kosten aber auch sichtbar, wie etwa bei den enormen Klimaschäden, die jetzt in Deutschland auftreten. Das ist insgesamt teuer.

Das heißt, der Umstieg hin zu einer emissionsfreien und nachhaltigen Welt ist eindeutig preiswerter, weil er diese ganzen Schäden vermeidet. Und er bringt auch volkswirtschaftlich etwas, weil wir damit in Zukunftsmärkte investieren, und die sind finanziell auf jeden Fall lohnend. Da entstehen Arbeitsplätze, da entstehen Innovationen. Vor allem aber ist der Nutzen so groß, weil wir auch weiterhin eine lebenswerte Umwelt haben. Und darum muss es letztendlich gehen.

Wow! So wünscht man sich eine Wissenschaftlerin, die die Forschungsergebnisse leicht verständlich erläutert. Respekt! Aber gehen wir einmal richtig hinein ins Thema.

Seit über 15 Jahren machst du Studien, die belegen, dass die Klimakrise teurer ist als der Klimaschutz. Du bist eine hochdekorierte Professorin, publizierst aber auch in populären Klima-Blogs und demonstrierst mit den Scientists for Future auf der Straße.

Du hast gesagt, wenn wir es nicht schaffen, unsere Wirtschaft und vor allem unsere Art der Energieerzeugung nachhaltig umzubauen, verbrennen wir Geld. Wenn wir den Umbau schaffen, verdienen wir Geld. Wenn das wirklich so klar und so logisch ist: Warum wird diese Erkenntnis dann nicht umgesetzt?

Wir haben in der Tat kein Erkenntnis-, sondern ein Umsetzungsproblem. Auch in der Klimadebatte. Wir wissen ja schon seit über 40 Jahren, dass der Klimawandel eintreten wird. Wir wissen auch schon sehr lange, dass das enorm teuer wird, dass uns die Lebensgrundlagen entzogen werden und dass wir handeln müssen. Der Club of Rome hat dies schon Anfang der 1970er-Jahre aufgelistet. Wir wissen es. Wir haben also tatsächlich kein Erkenntnisproblem.

Warum also wird dieses Wissen nicht umgesetzt? Da gibt es eine lange Liste von Gründen. Ein schwerwiegender Grund ist: Die Lobbyisten der Vergangenheit sind so viel stärker als die Lobbyisten der Zukunft. Da geht es um verwobenes Kapital. Das heißt, das fossile Kapital steckt in der ganzen Welt, sucht sich seine Wege, beschafft sich manchmal sogar auch seine Präsidenten, und die entscheiden dann im Sinne der Vergangenheit.

Das fossile Kapital schafft sich seine Präsidenten, das ist ein gewaltiger Vorwurf. Arbeiten Öl-, Kohle- und Gaskonzerne tatsächlich mit unlauteren Methoden?

Große Konzerne und reiche Investoren haben in der Vergangenheit sehr viel Geld in Kohle, Öl, Gas und andere fossile Ressourcen investiert und verdienen damit bis heute enorme Summen. Mit staatlicher Unterstützung. Noch 2015, rechnet der Internationale Währungsfonds vor, hätten Regierungen weltweit fossile Energieträger mit 5,3 Billionen Euro subventioniert. Das ist viel mehr Geld, als weltweit etwa für den Gesundheitssektor ausgegeben wurde. Die Begeisterung vieler Politiker und Politikerinnen für fossile Brennstoffe befeuern Lobbyisten mit geschickter PR, gelegentlich aber auch durch Täuschungen und Korruption.

Ölkonzerne wie Shell, BP, ExxonMobil oder Total wissen schon sehr lange, wie klimaschädlich ihre Geschäftspraktiken sind. Bereits 1971 – also vor einem halben Jahrhundert! – druckte der Konzern Total in seiner Firmenzeitschrift einen Artikel, der klar beschrieb, wie besorgniserregend der Anstieg von Kohlendioxid in die Atmosphäre sei und dass ein Anstieg der Durchschnittstemperatur zu befürchten stehe. Die Polkappen könnten teilweise abschmelzen, der Meeresspiegel ansteigen. Zitat: »Die katastrophalen Folgen sind leicht vorstellbar.« Dennoch hat Total bis in die 1990er-Jahre hinein bestritten, dass es den menschengemachten Klimawandel überhaupt gibt. Und das war kein Einzelfall. Exxon hat sich ganz ähnlich verhalten. Das Lügen hat System.

2010 erschien das Buch »Merchants of Doubt« (auf Deutsch unter dem Titel »Die Machiavellis der Wissenschaft. Das Netzwerk des Leugnens«). Darin beschreiben Erik Conway und Naomi Oreskes, wie Konzerne über Jahrzehnte systematisch Zweifel an Forschungsergebnissen säten, unter Mithilfe von einigen wenigen Forschenden, die sich – es fällt schwer, eine andere Formulierung dafür zu finden – haben kaufen lassen.

Die Blaupause der Zweifel-Methode hatte in den 1950er-Jahren die Tabakindustrie geliefert. Damals sammelte die Wissenschaft Belege dafür, wie schädlich Rauchen für die Gesundheit wirklich ist. Aber mit geschickter PR und mithilfe von Studien, die die Tabakkonzerne finanzierten, wurden seriöse Forschungsergebnisse diskreditiert. Die Konzerne taten so, als gäbe es in der Medizin einen ernsthaften Disput darüber, ob Rauchen nun gesundheitsschädlich sei oder nicht. Einen solchen Disput gab es jedoch nicht. Genauso wenig wie einige Jahrzehnte später in der Klimaforschung ernsthaft infrage gestellt wurde, ob tatsächlich der Mensch für die Erderwärmung verantwortlich sei. Klar ist er das. Den Zusammenhang zwischen anthropogenen Emissionen und der Klimakrise belegen Zehntausende Untersuchungen. Bei Fragen, die sich auf naturwissenschaftliche Erkenntnisse beziehen, liegt die Wahrheit eben nicht in der Mitte. Zwischen den Aussagen »Die Erde ist rund« und »Die Erde ist eine Scheibe« liegt nicht die Wahrheit, sondern Unsinn.

Zweifel säen ist eine Methode, Panik schüren eine andere. Da wird dann mit dem Verlust von Arbeitsplätzen gedroht, mit wirtschaftlichem Niedergang und Konkursen. Das hat zum Beispiel RWE in Deutschland vor einiger Zeit gemacht, als der Kohlekompromiss ausgehandelt wurde. RWE hat gesagt: So viel Klimaschutz treibt uns in die Pleite.

RWE hat im Grunde die Wahl und muss nicht pleitegehen. Das sind Entscheidungen, die der Konzern selbst in der Hand hat. Das muss man den Managern vorhalten. Sie riskieren die Jobs der Zukunft, weil sie selbst dann noch in Kohlekraftwerke inves-

tiert haben, als schon klar war, dass es sich überhaupt nicht mehr rechnet. Den Strukturwandel kann man nicht aufhalten, das war noch nie so.

Als die ersten Computer erfunden wurden, sind die Schreibmaschinenhersteller auf die Straße gegangen und haben gesagt: Wir wollen unsere Schreibmaschine behalten. Die Computer haben sich trotzdem durchgesetzt. So etwas kann man nicht verhindern.

Das ist ein Punkt, den man als Unternehmen verstehen muss. Und es ist ja im Grunde auch ihr tägliches Geschäft, sich mit dem Wandel zu beschäftigen. Wenn sie klug sind, passen sie sich diesem Wandel an, verändern Dinge und investieren letztlich in ihre eigene Zukunft.

Strukturwandel ist an dieser Stelle ein wichtiges Wort. Es beschreibt, dass dieser Prozess wirklich strukturell ist. Dass es eben nicht damit getan ist, ein paar Kohlekraftwerke abzuschalten. Das reicht nicht, denn wir dürfen dabei die großen Strukturen, die daran hängen, nicht aus den Augen verlieren: die Arbeitsplätze, individuelle Existenzen, fachliche Kompetenzen, Ausbildungssysteme, ganze Zulieferindustrien. Unsere ganze Gesellschaft ist von einer solchen strukturellen Veränderung betroffen. Deshalb wird es teuer. Als wir am Anfang unseres Gesprächs über die Kosten dieses Wandels sprachen, hast du keine konkrete Zahl genannt. Also frage ich noch mal: Wie viel kostet die ökosoziale Transformation?

Da müssen wir jetzt noch einmal genau hinsehen. Ich habe ja bereits gesagt, dass Investitionen in Zukunftstechnologien streng genommen keine Kosten sind. Das Geld kommt zu uns zurück.

Es gibt einen sogenannten Return on Investment. Das ist bei Kosten anders. Da ist das Geld weg, und es kommt auch keines zurück.

Die Beträge, die wir an Staaten mit fossilen Rohstoffen überweisen, sind Kosten, die uns zwar mit Energie beglücken, aber zu einem extrem hohen Preis, erst recht, wenn die Energiekosten explodieren. Wir bezahlen viele Milliarden für das Öl, das Gas, die Kohle, für all die fossilen Energieträger, die wir importieren. Aber die allergrößten Kosten entstehen durch Klimaschäden, die noch nicht einmal irgendeinen Gegenwert liefern, sondern nur Verlust, Krankheit und Tod. Jeder Euro, den wir heute nicht in Klimaschutz investieren, kostet uns später 15 Euro Klimaschäden.

Alle Investitionen, die notwendig sind, um klimaneutral zu werden, haben dagegen einen hohen Nutzen. Das dürfen wir nicht vergessen. Über die Höhe gibt es unterschiedliche Abschätzungen, deswegen nenne ich eine Spanne: Wir müssen 50 bis 80 Milliarden Euro pro Jahr in die Transformation hin zu einer klimaneutralen Wirtschaft investieren. Das wiederum schafft aber indirekte Effekte: Arbeitsplatzeffekte, Wertschöpfung, Steuereinnahmen …

Damit ich das richtig verstehe: Die 50 bis 80 Milliarden Euro sind Investitionen, die der Staat tätigt. Da sind noch nicht die Milliarden mit eingerechnet, die Konzerne wie VW, BMW oder Mercedes investieren, um Elektroautos zu entwickeln oder neue Produktionsstätten zu schaffen. Richtig?

Ganz genau. Beides sind Investitionen, die wir aber voneinander unterscheiden müssen. Auf der einen Seite investieren die

Konzerne, auf der anderen Seite der Staat, etwa in den Ausbau der Ladeinfrastruktur für Elektroautos. Der Ausbau des Schienenverkehrs und der Digitalisierung gehört im weitesten Sinne auch dazu sowie die Teile der energetischen Gebäudesanierung, die wir finanziell unterstützen.

Wir wissen, dass ein Euro, den wir staatlicherseits investieren, bis zu zwei Euro an privatem Kapital nach sich zieht. Das heißt, das sind einerseits Investitionen, die uns helfen, die aber andererseits auch dazu führen, dass mehr Arbeitsplätze entstehen. Nach unseren Kalkulationen schaffen wir zusätzliche Jobs für 500 000 Beschäftigte. Das sind enorme Größenordnungen. Diese Investitionen haben also ganz klar einen Nutzen. Und insofern müssen wir sie immer in den volkswirtschaftlichen Kontext einordnen, damit man versteht, um was es hier überhaupt geht.

Und natürlich in den Kontext der Staatsausgaben. Für das Jahr 2022 plant die Bundesregierung Ausgaben in Höhe von 443 Milliarden Euro. 50 Milliarden für eine klimaneutrale Wirtschaft wären davon gerade einmal knapp über 11 Prozent. Das ist nicht übermäßig viel, wenn ich mir allein die Kosten für die Schäden der Flutkatastrophe in Rheinland-Pfalz und Nordrhein-Westfalen vor Augen führe oder jene, die infolge der Ernteausfälle durch Trockenheit angefallen sind.

Ja, so ist es. 50 Milliarden sind wirklich wenig. Und da es Investitionen sind, wird ja sogar noch Kapital generiert. Und sie vermeiden Klimaschäden. Allein für die Überflutungsschäden haben Bund und Länder einen Hilfsfonds in Höhe von 30 Milliarden Euro verabschiedet.

Die Klimaschäden sind enorm, da bewegen wir uns in ganz anderen Größenordnungen. Und, nicht zu vergessen, wir vermeiden eben auch die Einkaufskosten für fossile Energien, die aktuell überdies extrem hoch sind. Deswegen ist es so wichtig, hier genau zu sein und zu fragen, was denn passieren würde, wenn wir nicht investieren. Wenn wir nichts tun, haben wir es mit einem ungebremsten Klimawandel zu tun. Und das wird dann erst richtig teuer.

Es ist doch verrückt. Die Summen, über die wir hier reden, sind unglaublich hoch, aber dann auch wieder nicht. Es kommt darauf an, in welche Relation wir sie setzen. Dass es sehr schnell möglich ist, solche Summen aufzubringen, zeigt die Bekämpfung der Coronapandemie: Allein 2020, im ersten Jahr der Pandemie, hat der Staat 1,3 Billionen Euro zur Bekämpfung der Krise bereitgestellt. Wir bekämpfen entschlossen und mit sehr viel Geld eine Pandemie, zaudern aber beim Klimawandel. Nehmen wir diesen also weniger ernst? Oder gibt es andere Ursachen dafür, dass sich der Mythos, Klimaschutz sei unbezahlbar, so hartnäckig hält?

Wir sehen leider in den Medien fast nur diejenigen, die sich beschweren und laut sind und das alles nicht wollen. Wir sehen nicht die vielen, vielen Unternehmen, die von Investitionen in Klimaschutz, erneuerbare Energien, Energieeffizienz, Gebäudedämmung oder die Verkehrswende schon heute profitieren und damit auch gutes Geld verdienen.

Grundsätzlich stimme ich aber völlig mit dir überein: Hier wird teilweise der Eindruck erweckt, das sei alles unbezahl-

bar. Das seien Kosten in Höhe von Trilliarden, die kein Mensch hat.

Das ist natürlich völlig übertrieben und wird von denen gestreut, die ein Interesse daran haben, dass dieser Eindruck entsteht und der Umstieg weder stattfindet noch gelingt.

Damit waren diese Stimmen in den letzten zehn Jahren sehr erfolgreich. Und es passiert teilweise auch heute noch. Leider höhlt der stete Tropfen tatsächlich den Stein. Das setzt sich fest. Das nehmen die Leute mit, auch zum Stammtisch, wo dann gesagt wird: Das kostet irgendwie eine Billion, und das kann ja kein Mensch bezahlen.

Wir müssen dem aus der Wissenschaft heraus vehement widersprechen, die Dinge immer wieder einordnen und deswegen auch davon reden, welche Vorteile der Wandel hat und wie wichtig es ist, ihn voranzutreiben.

Ein kleines Zwischenfazit: Viele, viele Milliarden, wenn nicht gar Billionen Euro müssen investiert werden, um die Klimawende zu realisieren. Das klingt erst einmal wie eine unüberwindbare Hürde, ist aber bei genauerem Hinsehen gar keine.

Lass uns doch mal gemeinsam überlegen, wie wir die Klimawende finanziell am schlauesten angehen könnten. In welchem Bereich wäre unser Geld am besten angelegt? Fangen wir mit dem Energiesektor an, der ist ja wirklich entscheidend in Sachen Klimaschutz.

Da gibt es etwa die These, dass es sinnvoll wäre, die Kernkraftwerke weiterlaufen zu lassen. Die EU plant sogar, Atomenergie in die Taxonomie der umweltfreundlichen Brückentechnologien aufzunehmen. Was sagst du dazu? Das würde sich doch finanziell erst einmal lohnen, oder? Und Kernkraftwerke sind ja auch noch klimaneutral.

Nein, es lohnt sich nicht. Definitiv nicht.

Jede Stunde, die sie länger laufen, produziert mehr Atommüll, den wir einlagern müssen. Das kostet enorm viel Geld und erhöht die Risiken, die damit einhergehen. Ich würde sagen, von dieser These sollten wir uns so schnell wie möglich verabschieden. Das passiert ja Gott sei Dank in Deutschland auch, indem die Anlagen vom Netz genommen werden. Und das ist richtig so.

Wir werden noch Jahrhunderte mit der Atomkraft zu tun haben. Als Erstes müssen die Anlagen zurückgebaut werden. Das dauert Jahrzehnte und kostet sehr viel Geld. Geld, das in überhaupt keiner Relation zum Nutzen der Kernkraft steht und das man wunderbar in erneuerbare Energien stecken könnte. Wir sehen das aktuell in Finnland und England. Dort werden sogar neue Kernkraftwerke gebaut, was Jahrzehnte dauert und sehr teuer ist. In dem Zeitraum und mit dem gleichen Geld könnten sie dort ohne Probleme das ganze Land mit erneuerbarer Energie ausstatten. Stattdessen wird viel Geld verschwendet, weil man einer vermeintlichen Supertechnologie nachjagt. Auch Frankreich setzt immer noch stark auf Atomkraft. Das ist kaum noch nachzuvollziehen und funktioniert nur, weil vieles staatlich kontrolliert wird und man den Menschen nicht kommuniziert, was das alles wirklich kostet.

Insofern sehe ich da keine Zukunft. Die Atomenergie ist die beste Technik der Vergangenheit. Die erneuerbaren Energien sind so viel billiger und sind die Technik der Zukunft.

Aber wir reden nicht darüber, dass wir in Deutschland neue Atomkraftwerke bauen wollen, sondern es geht bei uns bloß darum, die bestehenden etwas länger laufen zu lassen, um den Transformationsprozess zu entspannen. Würdest du aus ökonomischer Sicht auch das als nicht sinnvoll bezeichnen?

Ich bin ja nun schon länger im Geschäft, seit über zwanzig Jahren, und dieses Argument höre ich auch schon seit über zwanzig Jahren: nämlich dass wir Zeit brauchen für eine angebliche Transformation, dass wir es mit dem Tempo nicht übertreiben dürfen. Diese Beharrungskräfte der Vergangenheit haben uns schon wahnsinnig viel Zeit gekostet, die wir besser in einen vollständigen Ausbau der erneuerbaren Energien investiert hätten. Dann hätten wir bereits heute eine Vollversorgung durch erneuerbare Energien und müssten nicht mehr über Anlagen sprechen, die uns nur Probleme gebracht haben, die extrem teuer sind und die selbst die Betreiber nicht mehr wollen. Zumindest bei uns. Das ist eine Gespensterdebatte, und die brauchen wir nicht zu führen.

Wenn es uns endlich gelänge, den Fängen von Atom und Kohle zu entkommen, würden wir nicht nur die Todesopfer, die der Kohleabbau fordert, sondern auch die gigantischen Risiken der Atomkraft verhindern.

Du klingst so, als hättest du jenseits der Wissenschaft langsam keine Lust mehr, die ewig gleichen Diskussionen zu führen ...

Ich habe schon Lust. Und ich habe auch Lust, immer wieder dasselbe zu wiederholen, weil das die Gegenseite auch tut. Dem muss man halt immer wieder aufs Neue widersprechen. Und das mache ich gerne, unermüdlich und mit großer Beharrlichkeit.

Ihr habt in einer Studie die Kosten und den Nutzen der Atomkraft genau durchgerechnet und seid zu dem Ergebnis gekommen: Atomenergie lohnt sich rein finanziell betrachtet nicht. Sie ist ein ganz schlechtes Geschäft.

Ein richtig schlechtes Geschäft! Es lohnt sich nur, wenn es staatliche Fördermittel gibt. Auf dem reinen Markt hätte Atomkraft keine Chance. Der billige Atomstrom ist ein Mythos. Ohne staatliche Unterstützung gäbe es kein einziges Atomkraftwerk mehr, und es hätte auch nie eins gegeben.

Ein zweiter entscheidender Wirtschaftssektor in Sachen Klimawandel ist der Verkehr. Gerade in Deutschland sind wir bisher sehr stark von der Autoproduktion abhängig. Decken die 50 Milliarden Euro all die Veränderungen ab, die notwendig sind, damit wir uns in Zukunft klimaneutral fortbewegen können?

Ja, das tun sie. Die 50 Milliarden umfassen auch den Ladeinfrastrukturausbau für Elektroautos und den Ausbau der Bahn. Es geht ja nicht nur darum, den Motor beim Auto zu ändern, sondern es geht um eine Verkehrswende im weitesten Sinne. Es muss eine große Verlagerung vom Auto hin zu mehr Bahnverkehr stattfinden, auch im Güterverkehr. Und natürlich geht es auch um Verkehrsvermeidung, um Optimierung und damit um das Ziel, wegzukommen vom Individualfahrzeug. Das heißt: In

Zukunft werde ich sehr wahrscheinlich kein eigenes Auto mehr besitzen und selbst fahren, sondern ich leihe mir eines oder werde gefahren, etwa durch einen autonom fahrenden Bus. Das zieht auch den Ausbau der Digitalisierung nach sich, da mehr Mobilitätsdienstleistungen gebraucht werden.

In diesem Bereich wird es große Veränderungen geben. Zu den staatlichen Investitionen kommen die Investitionen der Unternehmen hinzu. Hier passiert im Moment sehr, sehr viel.

Wir hören oft diesen einen Satz: In Deutschland hängt jeder siebte, achte Arbeitsplatz von der Automobilindustrie ab. Stimmt das eigentlich?

Es stimmt noch, weil wir tatsächlich immer noch sehr viele Jobs in der Automobilbranche haben. Es ist etwas weniger geworden, aber in der Tat sprechen wir von einer sehr beschäftigungsintensiven Branche. Das ist aber auch eine große Chance, in dem Moment nämlich, in dem dort Wachstums- oder Zukunftsmärkte entstehen. Und das ist der Bereich der Elektromobilität auf jeden Fall schon heute. Dazu gehören auch die Mobilitätsdienstleistungen, von denen ich eben sprach. Für die Konzerne bedeutet das, davon wegzukommen, immer mehr Fahrzeuge zu verkaufen, und stattdessen Mobilitätsdienstleistungen anzubieten.

Hierfür ist die IT natürlich zentral. Die deutschen Autokonzerne tun sich damit sehr schwer, aber sie versuchen es. Und dadurch entstehen dort eben auch neue Jobs.

Etliche Studien zeigen: Die Jobs in der Automobilindustrie müssen durch die sogenannte Verkehrswende nicht wegfallen, es können sogar neue hinzukommen. Dazu muss man diese Wende aber vollziehen und verstehen, dass die Mobilität der Zukunft eine andere ist.

Es sind erst einmal gute Aussichten, dass die Energie- und Mobilitätswende viele neue Jobs bringen und der Arbeitsmarkt unter der Transformation nicht so stark leiden wird. Aber im Einzelfall kann das trotzdem hart sein. Wer dreißig Jahre lang mit Kohle gearbeitet hat, der montiert nicht plötzlich nächste Woche Solarkollektoren auf eine Turnhalle. Das ist ein anderer Beruf, der andere Qualifikationen erfordert. Man kann Menschen nicht hin und her schieben wie Schachfiguren, denn sie haben Biografien, sie haben Familien, sie haben Interessen, sie haben Leidenschaften und Talente. Und das kann man nicht einfach mit einem Fingerschnippen komplett ändern. Vielleicht ist die soziale Frage sogar die schwierigste bei der ganzen Diskussion. Denn rein rechnerisch scheint die ökosoziale Transformation möglich zu sein. Dazu gibt es bereits eine Menge Studien. Hier ein Zitat aus einer Studie der Gesellschaft für wirtschaftliche Strukturforschung:

> Klima- und Umweltschutz spielen bereits heute eine wichtige Rolle auf dem Arbeitsmarkt. Durch den Ausbau erneuerbarer Energien, Investitionen in Energieeffizienzmaßnahmen sowie durch die Nachfrage nach umweltschutzorientierten Dienstleistungen und Umweltschutzgütern ergibt sich aktuell ein Beschäftigungseffekt von etwa 2,8 Millionen Personen. In Szenarienanalysen bis 2030 werden die Beschäftigungswirkungen einer umfassenden Wirtschaftswende oder einzelner Berei-

che der Transformation für die Zukunft abgeschätzt. In dem überwiegenden Teil der Studien wird ein positiver Beschäftigungseffekt berechnet, der bei mehreren Hunderttausend zusätzlichen Personen gegenüber einer Referenzentwicklung liegt. Insbesondere das Baugewerbe und die Elektroindustrie gehen als Gewinner hervor – außerdem können Wirtschaftsbereiche wie der Handel oder der Dienstleistungssektor von der gesamtwirtschaftlich besseren Lage profitieren. Negative Effekte auf die Beschäftigung werden für die fossile Energiewirtschaft und die Automobilbranche aufgrund des Übergangs zu erneuerbaren Energien und Elektromobilität erwartet, die im Vergleich zu den positiven Effekten jedoch gering sind.

Das hört sich doch recht optimistisch an, aber negative Effekte für die Autobranche lassen sich offenbar kaum vermeiden. Was ist da los? Warum schaffen es die deutschen Automobilkonzerne nicht, sich zu erneuern?

Die Automobilkonzerne haben es selbst in der Hand, sie sind halt nur wahnsinnig spät dran. Da schlägt leider die deutsche Mentalität, risikoscheu zu sein, durch. Sie hat zur Folge, dass die Konzerne zurzeit nur noch hinterherschauen und sich wundern, wie es passieren konnte, dass die ganze Welt an ihnen vorbeizieht.

Sind wir Deutschen zu verliebt in unsere Autos? Und ich meine uns alle, nicht nur die Menschen in der Automobilbranche. Dazu fallen mir zwei Fotos ein, die ich einmal gesehen habe –

eines aus Kopenhagen, der sogenannten Fahrradhauptstadt Europas, und eines aus dem Ruhrgebiet. Auf beiden wurde Schnee geräumt. In Deutschland wurde der Schnee von der Straße auf den Radweg geschoben, in Kopenhagen vom Radweg auf die Straße. Das sagt doch alles, oder?

Ja. Das ist ein sehr schönes Beispiel, weil es genau die Prioritäten zeigt, die wir in Deutschland umkehren müssen. Wir sind eine autozentrierte, autofixierte Gesellschaft. Das Schlagwort »autogerechte Mobilität« aus den 1960er- und 1970er-Jahren ist ja immer noch im Umlauf. Wir müssen in dieser Hinsicht tatsächlich an den Stellschrauben drehen. Es kann nicht sein, dass wir nach wie vor in allem, was wir machen, das Auto bevorzugen.

Ein Beispiel: Wenn in Deutschland eine Fahrradstraße oder ein Pop-up-Radweg eingerichtet werden soll, muss sichergestellt sein, dass der fließende Autoverkehr nicht beeinträchtigt wird. Das Auto hat hierzulande oberste Priorität, nicht das Fahrrad.

Stimmt, wenn eine Autostraße neu gebaut wird, fragt niemand, ob das den Fahrradverkehr beeinträchtigt. Der Umschwung muss in den Köpfen stattfinden. Und da kann und sollte die Politik natürlich ein bisschen »nudgen«, anschubsen. Sie könnte mit den Steuern, die wir alle zahlen, tatsächlich einmal etwas steuern. Das wird hier und dort schon gemacht, beispielsweise bei der Besteuerung von CO_2. Die Idee ist, simpel erklärt, folgende: Wenn das Umweltbundesamt berechnet, dass eine Tonne emittiertes CO_2 einen volkswirtschaftlichen Schaden von 180 Euro verursacht, erhebt der Staat auf jede Tonne emittiertes CO_2 eine Steuer in ungefähr dieser Höhe, damit der

Ausstoß von CO_2 zunächst einmal kosten- und perspektivisch klimaneutral wird.

Das hört sich gut an, hat aber einen Haken. Die Mehrkosten werden von den Unternehmen an die Verbraucher weitergegeben. Die Folge sind Preissteigerungen. Im Energiesektor ist das deutlich zu sehen: Im September 2021 wurde die CO_2-Steuer eingeführt, Diesel, Benzin, Heizöl und Erdgas verteuerten sich, die Mehrkosten landen letztlich bei uns Endverbrauchern.

Claudia, warum ist die einzige Richtung, in die die Steuerpolitik geht, Dinge teurer zu machen? Kann man nicht auch die guten Sachen billiger machen?

Das kann man.

Aber warum macht das keiner?

Es ist sogar noch schlimmer: Wir finanzieren jede Menge an umweltschädlichen Subventionen mit, und die müssen ja auch verringert werden.

Auch das noch …

Das wäre ebenfalls ein Punkt, an dem man unbedingt ansetzen müsste. Hier müssen wir wirklich gegensteuern, denn durch die Subventionen ist das Schlechte preiswert und das Gute teuer.

Manche Interessengruppen sind jedoch gewillt, die Subventionen aufrechtzuerhalten, um das Narrativ vom Klimaschutz als Luxus, den sich eh kein Mensch leisten kann, zu bedienen. Dabei wäre es in der Tat höchste Zeit, das Schlechte so teuer zu machen, wie es in Wahrheit ist, einfach indem man endlich damit anfängt, umweltschädliche Subventionen abzubauen.

Die 5,3 Billionen Euro, mit denen weltweit fossile Energieträger subventioniert werden, haben wir bereits erwähnt. Blicken wir auf Deutschland, finden wir zahlreiche solcher fiskalischen Fehlsteuerungen. So sind hierzulande grundsätzlich Steuern auf den Abbau von Bodenschätzen zu zahlen. Aber ausgerechnet der Braunkohlebergbau ist davon ausgenommen. Das Umweltbundesamt beziffert den Steuerausfall für den Staat allein im Jahr 2018 auf rund 270 Millionen Euro.

Internationale Flüge sind von der Mehrwertsteuer befreit. Hier hätte der Staat 2018 sogar vier Milliarden Euro zusätzlich einnehmen können, sagt die Studie. Und die Tatsache, dass Diesel niedriger besteuert wird als Benzin führt zu Mindereinnahmen von jährlich acht Milliarden Euro. Das sind nur ein paar Beispiele. Solche schädlichen Subventionen addieren sich jedes Jahr zu gewaltigen Summen, die am Ende bei den Steuerzahlenden hängen bleiben, weil der Staat weniger einnimmt, mehr ausgibt und diese Beträge dann über höhere Steuern refinanzieren muss. Würde diese fossile Planwirtschaft abgeschafft, verteuerten sich automatisch die klimaschädlichen Produkte. In der freien Marktwirtschaft wären umweltfreundliche Produkte preiswerter und konkurrenzfähiger. Die Marktmechanismen würden Klimaschutz belohnen.

Kommen wir zum nächsten Punkt. Wir wollen es uns nicht bequem machen und immer nur lamentieren, was die Politik alles falsch macht, sondern uns auch an die eigene Nase fassen. Was kann jeder einzelne Mensch tun? Stichwort Konsumverzicht. Ihr Ökonominnen und Ökonomen wollt doch ewiges Wachstum. Konsumverzicht ist dir ein Graus, oder?

Nein, das ist mir überhaupt kein Graus. Klimaschutz gibt es nicht im Supermarkt. Wir in den westlichen Ländern leben nicht nachhaltig. Wir müssen weg von unserem derzeitigen Wirtschaften, weg vom Überkonsum. Aber Konsumverzicht allein ist keine Antwort auf das Problem.

Das haben wir während der Coronapandemie gesehen. Durch den Verzicht auf Reisen, auf Flugreisen zum Beispiel, und den brach liegenden Autoverkehr haben wir insgesamt vielleicht 6 bis 7 Prozent der Treibhausgasemissionen eingespart. Verzicht allein bringt gar nicht so viel.

Doch, doch, es ist schon richtig, dass wir auf diesen überbordenden Konsum, diesen Überkonsum verzichten müssen. Wir müssen darauf verzichten, um das Klima nicht weiter zu schädigen.
  Vor allem aber müssen wir von dieser sehr schädlichen Wirtschaftsweise weg und hin zu mehr ökologischer Nachhaltigkeit kommen. Das ist durchaus mit dem jetzigen System zu machen.
  Klimaschutz gibt es, wie gesagt, nicht im Supermarkt. Es heißt zwar immer, dass jeder durch seine Konsumentscheidungen verantwortlich ist. Das ist auch nicht falsch, es ist aber wirklich nur

ein Minibaustein eines großen Problems. Wenn wir andauernd sagen, dass die Probleme auf der Ebene des persönlichen Konsums entschieden werden müssten, lassen wir diejenigen davonkommen, die für diese Art des Wirtschaftens hauptsächlich verantwortlich sind.

Ist das Mantra vom ewigen Wirtschaftswachstum das Problem? Denn es ist doch so: Wenn ich morgens aufstehe, mein Haus verlasse, mich in mein Auto setze, an der Tankstelle tanke, eine halbe Stunde im Stau stehe, dabei die Luft verpeste und schließlich vor meiner Arbeitsstelle einen Parkplatz besetze, dann ist das Wirtschaftswachstum. Weil ich verbrauche.

Wenn ich dagegen morgens aufstehe, mein Haus verlasse und zur Arbeit radle, genauso schnell da bin, dann füge ich der Natur keinen Schaden zu, entlaste möglicherweise sogar das Gesundheitssystem, weil ich mich fit halte und die Luft für andere nicht verpeste. Und ich beanspruche keine Flächen für Parkplätze. Dabei verbrauche ich allerdings nichts, deshalb gilt das nicht als Wachstum, es wird nicht wertgeschätzt.

Legen wir in der Ökonomie die falschen Maßstäbe an? Muss Wachstum immer quantitativ sein, könnte es nicht auch qualitativ sein?

An deinem Beispiel erkennt man sehr genau, dass wir uns insgesamt, in der Wirtschaft, der Politik, aber auch als gesamte Gesellschaft, nicht in Richtung Nachhaltigkeit bewegen. Es wäre eindeutig nachhaltiger, zu Fuß zu gehen oder mit dem Fahrrad zu fahren.

Es zeigt außerdem ein Hauptproblem. Es wird nur auf einseitiges Wirtschaftswachstum geschielt und gesagt: Da muss jetzt aber eine höhere Zahl stehen, erst dann ist es gut für uns.

Obwohl seit vielen, vielen Jahrzehnten bekannt ist, dass man das Wirtschaftswachstum nicht als Indikator für Wohlstand und Wohlergehen nutzen darf, wird es bis heute immer wieder genau so eingesetzt – auch von der Politik, auch von den Abendnachrichten. Wenn da gezeigt wird, wie das Bruttosozialprodukt steigt, ist das der denkbar falsche Ansatz und überdies, wie gesagt, der falsche Indikator, um wirtschaftlichen Fortschritt wirklich zu messen.

Erfreulich, dies von einer renommierten Wirtschaftswissenschaftlerin zu hören! Jetzt muss es nur noch die Köpfe der Menschen erreichen. Denn wenn in den Nachrichten die Meldung kommt, dass das Bruttosozialprodukt um 4 Prozent gewachsen ist, jubeln immer noch alle. Wenn es heißt, es ist nicht gewachsen, sind alle verzweifelt und denken, wir verarmen.

Es gibt einen wissenschaftlichen Diskurs, der den Spieß komplett umdreht: die »Degrowth Economy«. Sie besagt, dass es nicht um Wachstum, also um »growth«, sondern um Schrumpfen, »degrowth«, geht. Was sagst du dazu?

Diesen Diskurs finde ich erst einmal gut. Andere Bezeichnungen sind Postwachstum oder Green Growth, grünes Wachstum. Denn wir sind uns einig: Wenn das wirtschaftliche System so bleibt wie bisher, wir aber gleichzeitig alles grün und nachhaltig haben wollen, dann kann das nicht funktionieren. Es bildet darüber hinaus auch nicht die Realität ab, denn einzelne Bereiche müssen tatsächlich schrumpfen, andere können aber durchaus wachsen. Dieses Wachstum würde laut dieser Theorie natürlich nicht zulasten des Planeten oder der Ressourcen oder des Klimas gehen.

Wir müssen dennoch vorsichtig sein. Denn diese Debatte hat im Moment eine große Tendenz zu polarisieren, teilweise auch zu radikalisieren. Wir müssen Systemdebatten führen, das finde ich extrem wichtig, aber wir können nicht alles komplett auf links drehen, sondern müssen uns langsam annähern.

Andere Länder sind in dieser Hinsicht vielleicht mutiger: In Bhutan etwa versucht man, nicht das Bruttosozialprodukt, sondern das Bruttoglücksprodukt zu priorisieren. Findest du so etwas naiv? Oder ist das ein interessanter Gedanke?

Nein, ich finde das überhaupt nicht naiv. Das ist ein interessanter Gedanke, weil es auch bei uns um Glück geht. Es geht ja um uns. Es geht um die Menschen. Und glücklich sein können wir nur, wenn wir in einer Umwelt leben, die sauber ist, wenn wir auf einem Planeten leben, der in einem guten Zustand ist, auf dem wir nicht ständig rivalisieren und Kriege führen, sondern auf dem wir wirklich miteinander leben. Um dieses Glück geht es doch letztendlich. Und wenn wir das messen und herbeiführen können, umso besser. Also Nachhaltigkeit und Glück. Das gehört sicherlich zusammen.

Das hört sich nach einer idealen Welt an. Aber wie kommen wir nun tatsächlich dahin? Es gibt da diese Idee mit dem Donut ...

Die britische Wirtschaftswissenschaftlerin Kate Raworth hat eine ökonomische Metapher erdacht, die in der Forschung viel Beachtung findet: die Donut-Ökonomie.

Wenn wir uns die Entwicklung unserer Zivilisation bildlich auf einer Fläche vorstellen, dann breiten wir uns von der Mitte immer weiter aus. Wir expandieren. Zunächst ist die Expansion gut, weil sie unsere Lebensqualität hebt. Überschreitet sie jedoch die ökologischen, planetaren Grenzen, schadet sie uns. Im Donut-Bild gesprochen: Es gibt einen idealen nachhaltigen Bereich, in dem wir uns dauerhaft wohlfühlen können. Das ist der Donut, der weiche, zuckrige Teig, der so lecker ist. Außerhalb davon ist das Leben unangenehm. Oder sogar unmöglich.

Das Loch in der Mitte des Donuts symbolisiert unterentwickelte Gesellschaften, in denen Armut und Hunger herrschen und es nur unzureichende Bildung und medizinische Versorgung gibt. In diesem Loch sind, kurz gesagt, die Menschen unglücklich, weil das soziale Fundament fehlt, weil der Wohlstand zu gering ist. Sie sind noch nicht im süßen Teig angekommen.

Übertreibt es eine Gesellschaft mit dem Wohlstand, mit dem Wachstum und dem Konsum, dann verlassen wir den süßen Teigkringel wieder, in dem wir Mitteleuropäer zurzeit leben. Wir haben uns dann sozusagen hindurchgefressen und fallen auf der anderen Seite heraus, weil wir die planetaren Grenzen überschritten haben, was zu Umweltbelastungen führt, die einer Gesellschaft das soziale Fundament wieder entziehen, da die Folgekosten zu hoch werden, da eine kaputte Umwelt Menschen krank und unglücklich macht.

> Und deshalb, sagt Kate Raworth, sollte unsere Wirtschaft so funktionieren wie ein Donut. Damit das süße Leben niemals endet.

Was sagst du als Wirtschaftswissenschaftlerin zur Donut-Ökonomie: Eine coole neue Idee oder nur ein neues Etikett für einen alten Teig?

Nein, das ist wirklich eine coole neue Idee, und ich werbe sehr dafür, diese Idee wirklich anzuwenden, auch weil sie so treffend die planetaren Grenzen beschreibt, in denen wir leben. Ebenso die gesellschaftlichen Herausforderungen, vor denen wir stehen, und die Umweltindikatoren, die wir berücksichtigen müssen. Ich finde es eine Superidee, die Donut-Theorie anzuwenden. Und es gibt ja auch schon Städte, die das tun. Amsterdam zum Beispiel.

Amsterdam wirtschaftet nach der Donut-Ökonomie?

Die Amsterdamer entwickeln gerade einen Bottom-up-Ansatz, also einen Ansatz, Dinge von unten nach oben zu entwickeln, nicht von oben zu oktroyieren.

Amsterdam plant, eine Stadt ohne Abfall zu werden. Oder anders: eine Stadt, die ihren Abfall als Ressource nutzt. Alle Materialien sollen wiederverwendet werden. Alle.

Es soll zum Beispiel öffentliche Komposttoiletten geben, und Solarpanels auf den Dächern sorgen für Strom, Regenwasseraufbereitungsanlagen für Wasser. Neue Häuser sollen ausschließlich aus nachhaltigen Stoffen gebaut werden, ausschließlich also aus

Holz oder Lehm. Und wenn das Handy kaputtgeht oder der Rechner, dann werden die Bürgerinnen und Bürger ermutigt, zur Reparatur ins Repaircafé zu gehen, anstatt sich per Overnight Express teuren Ersatz zu bestellen. Und wenn Sachen wirklich kaputt sind, dann kann man sie für etwas anderes wiederverwenden. So entsteht ein Kreislauf, eine Kreislaufwirtschaft, an der alle mitwirken. Das Schöne an der Donut-Idee ist, dass man so viele Menschen an Bord holt und die Lösungen gemeinschaftlich entwickelt.

Dass klingt für mich ziemlich utopisch. Ist das wirtschaftlich überhaupt machbar?

Ja, absolut, und es wäre schon immer machbar gewesen. Man muss dafür nur die Rahmenbedingungen schaffen und das Recyceln wirklich zu 100 Prozent durchführen. Dann hätten wir viele Probleme weniger.

Wird einer gestandenen Wirtschaftswissenschaftlerin, wie du es bist, die dies so deutlich sagt, nicht häufig der Vorwurf gemacht, sie sei eine Öko-Aktivistin?

Ich kann mit diesem Wort nichts anfangen, muss ich sagen, weil diese Ideen auf Forschungserkenntnissen basieren, die schon seit Jahrzehnten klar sind. Und es ist ja auch eine Frage des gesunden Menschenverstandes. Jeder weiß, dass es nicht in Ordnung ist, wenn ich die Umwelt schädige oder meinem Nachbarn Müll in den Garten werfe. Man ist doch keine Öko-Aktivistin, wenn man das bemerkt und benennt. Man ist jemand, der sich um die Gesellschaft sorgt.

Es geht um unsere Zukunft, es geht um Menschen, es geht um nachhaltige Wirtschaft, und es geht darum, die menschliche Gesellschaft funktionsfähig zu halten. Auf diesem Planeten, auf dem wir leben, denn wir haben nur diesen einen.

Claudia, vielen Dank für deine Gedanken.

7

Sterben die Menschen aus, Matthias Glaubrecht?

Die Klimakrise stellt infrage, wie wir leben; das Artensterben stellt infrage, ob wir leben.

Das klingt dramatisch. Und das ist es auch. Denn ohne die Millionen Tier- und Pflanzenarten auf der Erde gäbe es keine Menschen. Jeden Atemzug, jeden Schluck Wasser, jedes Stück Brot verdanken wir anderen. Ob Kieselalge, Zitterpappel oder Fadenwurm: Sie alle haben eine Funktion im Lebenserhaltungssystem des Raumschiffs Erde, mit dem wir durch das dunkle, kalte und schrecklich leere Universum reisen. Jede Art, die wir auslöschen, ist wie ein Bauteil, das aus dem Lebenserhaltungssystem unseres Raumschiffs entfernt wird. Eine Zeit lang funktioniert trotzdem noch alles einigermaßen, aber irgendwann beginnt der Motor des Lebens zu stottern. In der Milliarden Jahre währenden Geschichte der Erde hat es solche dramatischen Lebenskrisen nicht oft gegeben. Nur sechs Mal. Und bei jedem dieser katastrophalen Massenaussterbe Ereignisse sind mehr als drei Viertel aller Arten in einem geologisch kurzen Zeitraum vernichtet worden. So wie die Dinosaurier vor etwa 66 Millionen Jahren. Damals schlug ein Asteroid den 180 Kilometer großen Chicxulub-Krater in die Erde, und alles veränderte sich: das Klima, die Zusammensetzung der Atmosphäre, das Nahrungsangebot. Und dann begann das große Sterben. So wie heute, nach dem Einschlag des menschlichen Asteroiden. Die Zahlen zur aktuellen Krise: Schätzungsweise 150 Arten verschwinden jeden Tag, die natürliche Aussterberate ist bis zu tausendmal höher als im Durchschnitt der Evolution, und das Tempo, mit dem die Biodiversität schrumpft, ist vergleichbar mit dem vor 66 Millionen Jahren nach dem Einschlag des Asteroiden. Der Weltbiodiversitätsrat IPBES befürchtet, schon bis zum Ende dieses Jahrhunderts könnte eine Million von den insgesamt acht Millionen Arten aussterben – und das wäre dann der Beginn des siebten Massenaussterbens. Seit dem Verschwinden der Dinosaurier hat das Leben auf der Erde keine solche Katastrophe erlebt.

Matthias Glaubrecht ist Evolutionsbiologe und hat in Hamburg das Centrum für Naturkunde gegründet, aus dem im Juli 2021 das Leibniz-Institut zur Analyse des Biodiversitätswandels (LIB) hervorgegangen ist. Seine Forschungsgebiete sind die evolutionäre Systematik, historische Biogeografie, Morphologie und Wissenschaftsgeschichte der Biologie. Seine Karriere begann mit der Erforschung tropischer Süßwasserschnecken und der Beschreibung neuer Arten. Heute beschreibt

> er vor allem das Verschwinden von Spezies und warnt sogar vor dem Untergang unserer eigenen Art. Er postuliert »Das Ende der Evolution«, verbringt seinen Arbeitsalltag zwischen toten Tieren und ist dabei ausgesprochen guter Dinge.

Matthias, du hast schon als Kind gerne mit Tieren gespielt. Dann hast du Biologie studiert, aber statt uns nun von den Wundern des Lebens zu erzählen, bist du ein Prophet des Untergangs. Dumm gelaufen?

Ja, da könnte man vermuten, dass eine ganze Menge schiefgelaufen ist. Erst habe ich mich in die Tiere verguckt, und dann bin ich irgendwann mal aufgewacht und musste feststellen, dass mir meine Untersuchungsobjekte abhandenkommen. Aber tatsächlich spiegelt meine eigene Biografie so ein bisschen wider, wie sich die Biodiversitätsforschung insgesamt in den letzten zwei Jahrzehnten entwickelt hat. Ich habe am Anfang neue Arten beschrieben und bin deshalb oft in die Tropen gereist. Und dabei – du kennst das ja von deinen eigenen Reisen – habe ich eine bittere Erfahrung gemacht: Wenn man jedes Jahr an bestimmte Ort zurückkehrt, dann sieht man, wie stark sich die Lebensräume verändern. In den Tropen vor allen Dingen.

Wir sind so was wie die Augenzeugen des globalen Wandels?

Ja.

Du konfrontierst uns mit wirklich apokalyptischen Gedanken. Beispiel: »Leute, wenn wir jetzt nicht aufpassen, ist unsere eigene Art, nämlich die Art Mensch, Homo sapiens, bedroht.«
Aber vielleicht sollten wir am Anfang unseres Gesprächs erst mal ein bisschen den Inhalt sortieren. Also: Worüber reden wir eigentlich? Die Biodiversitätskrise. Was ist das?

Das kann man grob übersetzen mit Artensterben und Artenschwund. Und es sind tatsächlich diese beiden Dinge. Es geht darum, dass wir einen Großteil der belebten Natur um uns herum verlieren werden in den nächsten Jahren und Jahrzehnten. Das klingt nach Apokalypse – und es ist auch eine! Es ist auch keine Schwarzmalerei von mir alleine oder von wenigen, sondern das sind inzwischen in vielen, vielen Studien belegte Fakten, wie beispielsweise auch durch den Bericht des Weltbiodiversitätsrates. Das ist so was Ähnliches wie der Weltklimarat. Einige von dessen Mitgliedern haben sich nach der Klimakrise der eigentlich noch entscheidenderen Zukunftsfrage des 21. Jahrhunderts zugewandt. Und das ist tatsächlich der Biodiversitätsverlust.

Und Stopp. Zeit für eine kurze Erklärung. Was ist eigentlich Biodiversität?

Der Begriff Artenvielfalt beschreibt die Summe der Arten. Biodiversität ist aber mehr als das, sie umfasst alle drei Kategorien des Lebens: Lebensräume, Arten und deren Gene. Und in jeder einzelnen Kategorie gibt es Vielfalt. Das ist gut. Denn Vielfalt macht das Leben resilient, weniger anfällig für Krankheitserreger, Dürren und all die anderen Unwägbarkeiten, mit denen sich das Leben auf der Erde konfrontiert sieht.

Da ist zunächst die Vielfalt der Lebensräume. Allein in Deutschland gibt es mehr als 900 verschiedene Typen von Biotopen, etwa Almwiesen, Meere, Flüsse oder Wälder. Da eine Goldbrasse nicht im Wald leben kann und der Zaunkönig nicht im Meer, ist die Vielfalt der Lebensräume also eine wichtige Voraussetzung für die Vielfalt der Arten.

Zweitens umfasst die Biodiversität die Vielfalt der Gene. Das Genom eines jeden Lebewesens ist einzigartig. Es unterscheidet sich auch von dem seiner Artgenossen, wenn auch nur wenig. Das Erbgut eines Menschen etwa weicht im Mittel um 0,1 Prozent von dem anderer Menschen ab. Diese genetische Varianz führt zu Unterschieden in Körpergröße, Körperbau, Hautfarbe, Temperament oder Behaarung. Im evolutionären Prozess der Selektion setzen sich dann die Merkmale durch, die für die jeweilige Umgebung besonders günstig sind. Unter der Sonne Australiens etwa schützt eine dunklere Haut besser vor Krebs, auf Island ist UV-Schutz kein so großes Thema, deshalb ist dort helle Haut kein Selektionsnachteil.

Und dann ist da, drittens, natürlich noch die Artenvielfalt selbst als ein Baustein der Biodiversität. Diese beiden Begriffe werden zwar oft synonym verwendet, sind aber eben nicht das Gleiche. Die Vielfalt der Arten ist nichts anderes als die Summe aller Pflanzen, Tiere und weiterer Lebensformen, die sich auf der Erde tummeln.

Also: Viele unterschiedliche Lebensräume, in denen viele unterschiedliche Arten leben, deren Individuen unterschiedliche Gene haben – das ist Biodiversität.

Und weiter.
Warum glaubst du, der Biodiversitätsverlust sei die entscheidende Zukunftsfrage des 21. Jahrhunderts? Die meisten denken bei der wichtigsten Umweltfrage doch wohl eher an die Klimakrise.

Ja, natürlich, da ist beides im Fluss, sowohl die Biodiversität als auch das Klima. Aber den menschengemachten Klimawandel können wir sozusagen zurückdrehen. Wir können versuchen, seine Auswirkungen zu begrenzen. Und da reden wir über Jahrzehnte, die das dauert, vielleicht über ein Jahrhundert. Aber das ist etwas, von dem ich denke, dass man es trotz aller Schwierigkeiten in den Griff kriegen kann.

Auf den Klimawandel fokussiert sich im Augenblick die gesamte Politik, die gesamte Öffentlichkeit. Die große Gefahr dabei ist, dass wir die zweite gewaltige Bedrohung nicht zur Kenntnis nehmen, die im Hintergrund abläuft. Die meisten Menschen haben tatsächlich bisher komplett übersehen, dass wir von der gesamten Artenvielfalt der Erde abhängig sind. Und die bringen wir in Gefahr.

Und was für Folgen hat das?

Vor mir steht ein Kaffee. Ich vermute jetzt mal, der ist aus Robusta-Bohnen gemacht. Robusta-Kaffee wird zu 100 Prozent von Wildbienen bestäubt. Bei Arabica-Kaffee ist das anders, aber bei der Sorte Robusta machen das zu 100 Prozent die Wildbienen. Gäbe es sie nicht, gäbe es auch keinen Kaffee.

Oder nehmen wir den Kakao, aus dem Schokolade gemacht

wird: Der wird von nur zwei Mückenarten bestäubt. Nur von zwei in den Tropen vorkommenden Mückenarten ...

... und wenn die aussterben, dann gibt es entweder keine Schokolade mehr, oder wir müssen, wie in einigen Regionen Chinas, menschliche Bestäuber mit Pinseln losschicken, was ineffizient und megateuer ist und überdies nicht besonders viel bringt, weil der Ertrag nicht so hoch ist wie bei natürlicher Bestäubung.

Und das ist zustande gekommen, weil die Chinesen ihre Obstbäume vorher mit Pestiziden behandelt haben. Würden die Imker ihre Bienen dort fliegen lassen, würden sie sich vergiften. Also lässt man die Bienen da nicht mehr hin, und dann muss man natürlich von Hand bestäuben.

Das ist also eine Folge davon, dass die Landwirtschaft mit Giften hantiert. Vermutlich sind es genau diese Gifte, die wir auch bei uns hier in der Landwirtschaft einsetzen, die in einem ganz großen Maß dafür verantwortlich sind, dass wir solche Insekten verlieren.

Wir als Wissenschaftler und Wissenschaftlerinnen sind da ehrlich gesagt ein bisschen auf dem falschen Bein erwischt worden. Man würde ja von uns erwarten, dass wir solche Entwicklungen mit Daten belegen können, dass es dazu Langzeitstudien gibt. Aber die universitäre Forschung, auch übrigens die von außeruniversitären Forschungseinrichtungen wie bei uns im Haus, ist in dieser Hinsicht komplett blank.

Ihr seid blank! Was unter anderem daran liegt, dass es verdammt lange dauert, aussagekräftige Biodiversitätsstudien zu machen. Da kann man sich nicht eben mal für ein paar Wochen ins Labor einschließen und dann ein Paper raushauen, nein, so etwas dauert Jahre. Manchmal sogar Jahrzehnte. Aber jetzt haben wir Daten! Zumindest zum Insektensterben. Die Krefeld-Studie!

Der Entomologische Verein Krefeld hat seit 1989 in jedem Jahr auf die immer gleiche Art Insekten gefangen. In sogenannten Malaise-Fallen, die so konstruiert sind, dass nur Fluginsekten hineingeraten. Diese Fallen der Krefelder Forschenden standen und stehen an verschiedenen Orten, in Naturschutzgebieten und auf Landwirtschaftsflächen, nicht nur im Raum Krefeld. Nachdem sie 27 Jahre lang Insekten gezählt hatten, veröffentlichten die Forschenden 2017 Zahlen, die um die Welt gingen: In weniger als drei Jahrzehnten sind in den Untersuchungsgebieten ungefähr drei Viertel der Fluginsekten verschwunden. Genauer: Die Biomasse der in den Malaise-Fallen gesammelten Tiere ist um etwa 75 Prozent gesunken. Biomasse, also Gewicht, wird hier als Maßstab verwendet, weil es praktisch unmöglich ist, Millionen Fluginsekten händisch zu sortieren und zu zählen. Also wiegt man nur den Gesamtfang und vergleicht dann das Gewicht, sprich: die Biomasse.

Inzwischen sind neben der Krefeld-Studie auch viele weitere Datensätze zur Entwicklung der Insektenpopulationen weltweit erhoben und ausgewertet worden. Die Zahlen unterscheiden sich im Einzelfall, aber der Trend ist eindeutig: Es gibt auf der ganzen Erde immer weniger Insekten.

Doch wofür brauchen wir überhaupt Mücken und Schwebfliegen?

Sie bestäuben Pflanzen, und zwar viele: Ungefähr 80 Prozent aller Pflanzen in Deutschland, auch die allermeisten Nahrungspflanzen, sind auf Bestäuberinsekten angewiesen. Dazu gehören nicht nur Honigbienen, sondern auch Wildbienen, Schmetterlinge, Schwebfliegen, Hummeln, Wespen, Mücken und Käfer, insgesamt viele Hundert verschiedene Arten. Landwirtschaft, so wie wir sie kennen, wäre ohne diese Insekten gar nicht möglich.

Auch in der Nahrungspyramide der Natur sind diese Insekten ein wichtiger Baustein. Amphibien und Fische ernähren sich von Insekten und deren Larven im Wasser. Vögel wie der Reiher wiederum fressen Frösche und Fische. Sehr viele heimische Vogelarten brauchen Insekten auch direkt als Futter oder zur Aufzucht ihres Nachwuchses. Die Folgen des Insektenschwundes spiegeln sich deshalb auch in der Vogelpopulation wider: Von den gut 250 in Deutschland brütenden Vogelarten sind 43 Prozent in ihrem Bestand gefährdet. Anderswo sieht es nicht besser aus: In Nordamerika gibt es heute drei Milliarden Vögel weniger als noch vor fünfzig Jahren. Der »stumme Frühling« wird von einer apokalyptischen Vision immer mehr zu einer konkreten Möglichkeit.

Ich würde jetzt gerne einmal einen Vorwurf an dich und deinen Berufsstand loswerden. Darf ich?

Ja, mach. Ich glaube, wir sind gut für Vorwürfe.

Also, die Biodiversität ist unser Lebenserhaltungssystem. Ihr verdanken wir unsere Atemluft, sauberes Wasser, unser täglich Brot, auch Medikamente oder den Erholungswert der Natur. Es gibt ganz objektiv betrachtet nichts Wichtigeres auf der Welt als die Biodiversität. Es existiert hierzu ein ganzer Wissenschaftszweig, aber mit all euren Forschungsabteilungen und Millionenbudgets habt ihr es nicht geschafft, die Bedeutung von Biodiversität so ins öffentliche Bewusstsein zu rücken, wie es den Klimaforschenden mit der Erderwärmung gelungen ist. Wieso zur Hölle habt ihr so fürchterlich versagt?

Touché!
Du hast völlig recht, und ich bin erstaunt, mit welcher Nonchalance meine Zunft darüber hinweggeht. Wir sollten wirklich in Sack und Asche gehen.
Das liegt aber an zwei Dingen, die, glaube ich, als Faktoren eine ganz große Rolle spielen. Die Biologie – ein Kollege von mir sagt immer: Biology is a dirty science –, die Biologie ist ganz lange im Vergleich zu anderen Wissenschaften – in der allgemeinen Wahrnehmung ohnehin, aber vor allen Dingen auch in der universitären Lehre, das heißt von unseren Wissenschaftsmanagern, denen wir das für die Vergangenheit tatsächlich vorwerfen müssen – mit eklatanter Ignoranz behandelt worden.
Wir haben zunächst völlig ignoriert und auch nicht gesehen, welche Bedeutung die Artenvielfalt, das heißt die funktionelle Biodiversität, hat. Das gilt bis in die 1980er-Jahre hinein.
Inzwischen, du hattest das erwähnt, gibt es seriöse Hochrechnungen, verschiedene Versuche, und wir sind bei acht Millionen Arten, die auf der Erde existieren. Wir haben es aber in 250 Jahren zoolo-

gischer Systematik nur geschafft, weniger als zwei Millionen davon, also allenfalls ein Viertel, zu beschreiben. Erforscht sind noch viel weniger. Wenn wir in dieser Geschwindigkeit weitermachen, werden wir sie nie alle inventarisieren und beschreiben. Niemals. Wir werden sie verlieren, bevor wir sie überhaupt erforschen können.

Also insofern ja, touché, wir haben da einen Wahnsinnsnachholbedarf. Aber ich gebe diesen Vorwurf weiter. Hier haben wir bis heute auch eine absolute Fehleinschätzung der Wissenschaftspolitik.

So, und jetzt kommt der nächste Schritt, und da sind wir beieinander. Wir haben vor ein paar Jahren angefangen, Bücher zu schreiben, Artikel zu schreiben, Filme zu machen. Wir reden uns den Mund fusselig, seit wir dieses Problem erkannt haben. Aber das Problem ist eben auch noch nicht sehr lange bekannt. Anders als zum Beispiel der Klimawandel, da hat es in den Siebzigerjahren die wissenschaftliche Entdeckung gegeben, in den Achtzigerjahren die wissenschaftliche Gewissheit ...

... in den Nullerjahren dann Al Gore mit seinem großen Film »An Inconvenient Truth – Eine unbequeme Wahrheit« ...

Stimmt. Und es hat von der wissenschaftlichen Gewissheit 40 Jahre gedauert bis zu Greta Thunberg, bis die Einsicht buchstäblich auf der Straße angekommen ist. Die Zeit haben wir aber beim Biodiversitätsverlust nicht.

Ein neues Problem? Die amerikanische Biologin und Autorin Rachel Carson hat schon in den 1960er-Jahren mit ihrem Buch »Silent Spring«, dem »Stummen Frühling«, vor dem Artensterben gewarnt. Das Buch war einer der Gründe für das Verbot des Insektizids DDT. Dieses Mittel wurde damals so universell eingesetzt wie heute vielleicht nur noch Glyphosat. Als klar wurde, wie gefährlich DDT wirklich ist, hat man es – gegen den anfänglichen Widerstand von Industrie- und Agrarlobbyisten – schließlich verboten. Tatsächlich konnte sich danach die arg geschrumpfte Vogelwelt etwas erholen. Aber das Artensterben insgesamt hat sich seither immer weiter beschleunigt. Deshalb wurde 1992 auf der Rio-Konferenz die »Convention on Biological Diversity« verabschiedet. Die CBD ist bis heute die wichtigste Grundlage für den Biodiversitätsschutz auf der Erde. Viel bewirkt hat das von 196 Staaten unterstützte Abkommen allerdings nicht. Das Artensterben wurde dadurch nicht gebremst, im Gegenteil: Es war in der Geschichte der Menschheit noch nie so dramatisch wie heute – und könnte in nicht allzu ferner Zukunft auch die Art Homo sapiens bedrohen. Auf der jüngsten Folgekonferenz, die 2021 im chinesischen Kunming stattfand, haben zwar 200 Staaten eine Erklärung unterzeichnet, in der festgestellt wird, der Biodiversitätsverlust sei eine »existenzielle Bedrohung für unsere Gesellschaft, unsere Kultur, unseren Wohlstand und für unseren Planeten«. Verbindliche Beschlüsse, um ihn aufzuhalten, gab es aber nicht.

Wir müssen jetzt über zwei Dinge reden. Erstens: Welche Dimension hat dieses Aussterben eigentlich? Das zu beziffern ist ja nicht ganz banal.

Ja! O ja!

Und zweitens über die Wissenschaftskommunikation. Denn wenn es so lange dauert wie beim Klimawandel, nämlich über ein halbes Jahrhundert, bis wissenschaftliche Erkenntnisse in der Gesellschaft ankommen, dann sind wir, ich sage es mal ganz geradeheraus: am Arsch.

Ja, dann sind wir geliefert.

Es sterben ungefähr 150 Arten pro Tag aus. Die natürliche Aussterberate wird schätzungsweise um das Tausendfache übertroffen. Wir erleben gerade das größte Artensterben seit dem Verschwinden der Dinosaurier. Streng wissenschaftlich betrachtet: Was davon ist beweisbar?

Gar nichts. Und das ist unser ganz großes Problem.

Was? Gar nichts?

Erst einmal haben wir in der Naturwissenschaft gelernt, dass wir uns mit Beweisen, so wie Juristen sie darlegen, wenn sie eine Anklage führen, aus ganz grundsätzlichen und philosophischen Überlegungen heraus schwertun. In diesem Sinne beweisen lässt sich so etwas überhaupt nicht. Wir Naturforschenden versuchen zwar, Sätze – allgemeine Prinzipien oder Regeln der Natur – herauszuarbeiten, Grundgesetzlichkeiten, die nicht widerlegbar sind. Das ist allerdings verdammt schwer.

So können wir im Falle der Gravitation sagen: Alles spricht dafür, dass es so etwas wie Erdanziehung oder Massenanziehung gibt. Wir haben im Augenblick keine bessere Theorie. Das ist beim Artensterben ganz ähnlich. Und deswegen können wir es auch nur so schwer beweisen. Ich weiß, das klingt jetzt alles sehr abstrakt, deshalb versuche ich es mal konkret.

Wir haben eine ungefähre Vorstellung davon, welche Dimension und welche Auswirkungen der zufällige Meteoriteneinschlag vor 66 Millionen Jahren hatte, als die Dinosaurier ausgestorben sind. Damals starben aber nicht nur die Dinosaurier aus, sondern ungefähr drei Viertel aller Tiere und Pflanzen auf der Erde. Und es hat dann zehn, fünfzehn Millionen Jahre, bis ins Eozän, bis ins Zeitalter der Morgenröte, gedauert – also sehr lange –, bis die Biodiversität ungefähr wieder das alte Niveau erreicht hatte.

Das sind die Fakten, die wir kennen, und deswegen reden wir von Massenaussterben. Davon gab es fünf, genau genommen waren es sechs, in der erdgeschichtlichen Vergangenheit.

- Vor 485 Millionen Jahren, am Ende des Kambriums, starben etwa 80 Prozent aller Tier- und Pflanzenarten aus. Vermutete Ursache: ein Klimawandel mit Schwankungen des Meeresspiegels.
- Vor 444 Millionen Jahren, im Ordovizium, verschwand über die Hälfte aller Arten. Vermutete Ursache: Die Entstehung der Landpflanzen veränderte die chemische Zusammensetzung von Böden und Atmosphäre.
- Vor 360 Millionen Jahren, im Devon, starb erneut etwa die Hälfte aller Arten aus. Vermutete Ursache: Das Aussterben von Korallen und »Riffbauern« ließ den Sauerstoffgehalt im Meer absinken.

- Vor 252 Millionen Jahren, am Ende des Perm, wurde das Leben so hart getroffen wie nie zuvor oder danach: Etwa 95 Prozent aller Arten im Meer und ungefähr 65 Prozent aller Landlebewesen verschwanden. Auch ein Drittel aller Insektenarten starb aus. Vermutete Ursache: unbekannt. Es wird ein Zusammenhang mit gewaltigen geologischen Veränderungen im Erdinneren, die zu dramatischen Temperaturanstiegen führten, vermutet.
- Vor 200 Millionen Jahren, am Ende der Trias, starben 50 bis 80 Prozent der Arten aus, darunter fast alle Landwirbeltiere. Vermutete Ursache: Gewaltige Vulkanausbrüche setzten große Mengen Kohlen- und Schwefeldioxid frei.
- Vor 66 Millionen Jahren, am Übergang zur Erdneuzeit, starb erneut etwa die Hälfte der Arten aus. Vermutete Ursache: der Einschlag eines Meteoriten im Norden der Halbinsel Yucatán, der den Chicxulub-Krater schuf.
- Aktuell findet ein neues Massenaussterben statt, das wohl schon im Holozän vor etwa 8000 Jahren begann, dessen Anfang aber von den meisten Geologen auf 1950 gesetzt wird. In jedem Fall die eindeutige Ursache: der Mensch.

Das sind die großen Katastrophen, die wir kennen.

Genau, die können wir beziffern. Wir können einfach zählen, was war vorher da, was war nachher da, und können sehen: Cut und Schnitt, und das sind wirkliche Krisen der Evolution. Danach hat es Millionen Jahre gebraucht, bis das Leben wieder in die Gänge gekommen ist. So etwas ist ein Massenaussterben.

Nun könnte man fragen: Warum glaubt ihr denn, dass wir derzeit ein neues Massenaussterben haben? Das wird ja auch in der science community diskutiert. *Was wir sagen können, ist: Wenn wir so weitermachen, dann wird es eine globale Vernichtung der Vielfalt geben. Ähnlich wie im Perm, ähnlich wie am Ende der Kreidezeit, als die Dinosaurier und viele andere ausgestorben sind. Das heißt ...*

... ja, was heißt das eigentlich?

Ich nehme ein konkretes Beispiel. Die Tiger. Ich bin von folgendem überzeugt, Behauptung eins: Es gibt den Tiger im Freiland als funktionierende Art nicht mehr.

Funktional ausgestorben. Auch ein wichtiger Begriff.

Richtig. Funktional ausgestorben bedeutet, es gibt heute noch ungefähr 3900, 4000 Tiger auf der Welt. Früher bevölkerten sie ein riesiges Verbreitungsgebiet, das reichte über ganz Asien von den kalten Regionen im Amur bis nach Bali in die subtropischen Bereiche. Heute leben Tiger nur noch verstreut in ganz kleinen pockets, *in ganz kleinen Resten ihres Verbreitungsgebietes, meistens sind das Naturschutzgebiete, und dort sind sie isoliert von den Tigern in anderen Gebieten.*

Bei großen Säugetieren sagt man, wenn in zusammenhängenden Gebieten weniger als 2500 Individuen leben, können sie sich im Freiland eigentlich nicht mehr fruchtbar fortpflanzen, weil sie sich nicht mehr finden.

Zweite Behauptung: Der Tiger wird nicht aussterben.

Der Tiger ist zwar im Gelände funktional tot, er spielt keine Rolle mehr in den Lebensräumen, bis auf einige Naturschutzgebiete. Aber er wird trotzdem nicht völlig verschwinden. Wir haben nämlich auf alle Fälle mehr Tiger in Zoo und Zirkus als wir im Freiland haben. Deswegen wird er nicht aussterben.
Wir hatten ja darüber gesprochen, wie wir das Artensterben beziffern und auch kommunizieren können, und ich denke, wenn wir auf einzelne Arten, auf Rote-Liste-Arten Bezug nehmen, dann können wir wissenschaftlich objektivierbar gar nicht sagen, ob das im Augenblick 150 Arten am Tag sind oder mehr oder weniger, das ist reine Spekulation. Es sind wild gerechnete Zahlen von Mathematikern, die sich mit Biologie beschäftigt und die versucht haben, irgendetwas durch eine mathematische Brille zu betrachten. Und sie haben wahnwitzige Rechenexempel gemacht.
Und ich sage hier einmal ganz öffentlich und offen: Ich verstehe diese Rechnungen nicht.

Ich verstehe noch nicht einmal die mathematischen Zeichen, die sie benutzen, und ich behaupte, die meisten Forschenden in der Biologie verstehen diese Formeln ebenfalls nicht.

Ja, genau. Und abgesehen davon, das sind nur mathematische Gedankenspiele. Die kann man entweder mögen oder nicht. Man kann sie nachvollziehen oder nicht. Aber sie lassen sich nicht kommunizieren. Und ich glaube, dass sie wissenschaftlich auch unhaltbar sind und dass sie sich nicht an den tatsächlichen biologischen Fakten orientieren. Deswegen würde ich einen Cut machen und sagen: Wir müssen ein ganz, ganz ehrgeiziges Ziel formulieren. Und da sind wir bei der Kommunikation.

Moment. Du sagst als seriöser Wissenschaftler: Wir können gar nicht sagen, wie hoch die Aussterberate ist und wie viele Arten wirklich verschwinden. Aber dann sagst du im Gespräch mit mir nun trotzdem: Wir haben hier das größte Problem des Jahrhunderts, und wenn wir nicht sofort handeln, dann passiert etwas Schreckliches. Da kann dir doch niemand folgen. Wenn du möchtest, dass die Gesellschaft das Artensterben ernst nimmt, musst du Zahlen liefern. Also: Wann? Wann kommen die Missernten? Wann haben wir nicht mehr genug Luft zum Atmen? Wann kann ich im Supermarkt keine Äpfel mehr kaufen? Gib mir Zahlen.

Nein. Wenn du zum Arzt gehst, dann möchtest du von dem Arzt erst einmal eine Diagnose. Eine ehrliche Diagnose. Ist irgendetwas nicht in Ordnung? Du möchtest nicht, dass er dich vertröstet, sondern dir wirklich sagt: Was fehlt mir?

Wenn du verdaut hast, was er dir als Diagnose genannt hat, dann ist die nächste Frage: Was muss ich tun?

Wie lange habe ich noch?

Wie lange habe ich noch? Und da wird er sich schwertun. Aber was immer seine Diagnose ist, du wirst wahrscheinlich nicht deswegen, weil er dir sagt, »Ich kann nicht genau sagen, Herr Steffens, ob Sie am Montag oder am Mittwoch sterben«, seine Diagnose insgesamt anzweifeln. Du wirst auch ohne konkreten

Todestag denken: Oh, das klingt aber wirklich gefährlich, ich bin offenbar tatsächlich schwer krank. Genau wie in der Medizin – der Körper ist ja ein biologisches System – gibt es auch in den Ökosystemen der Erde nicht diese Art von Präzision.

Hier geht es ja um den Unterschied zwischen Physik und Biologie. Vielleicht können wir es so erklären. Also, ich habe meinen Kugelschreiber in der Hand, wie du siehst, und den lasse ich fallen.
    Noch mal.

Ja.

Noch mal.

Ja.

Und wenn ich das jetzt eine Milliarde Mal hintereinander mache: Die Schwerkraft wird jedes Mal dazu führen, dass der Kugelschreiber hier wieder runterfällt, in dem immer gleichen Tempo.

Ja.

Die Physik ist da zuverlässig. Warum könnt ihr Biologieleute das nicht?

Da kommen mehrere Dinge zusammen. Zunächst einmal sind biologische Systeme hochkomplex, ich würde sagen, noch kom-

plexer als etwa Klimasysteme. Außerdem haben wir in der Biologie nicht die Instrumente, die es für exakte Prognosen bräuchte. Und uns fehlen auch die Fakten.

Wir wissen ja gar nicht, wie viele Bienen es gibt. Wir können das nicht messen. Die Ökologen beginnen gerade erst, die Zusammenhänge zu verstehen, etwa wie Räuber und Beute aufeinander wirken, wie Bestäuber sich gegenseitig beeinflussen und zusammen dann auf die zu bestäubenden Pflanzen einwirken. Es gibt auch nicht nur eine Bienenart, die das Bestäuben besorgt, sondern ganz viele verschiedene Bestäuber. Da fragt man: Warum brauche ich so viele, warum reicht nicht ein Bestäuber? Na ja. Es gibt unterschiedlich große Insekten mit unterschiedlich langem Rüssel. Und es gibt unterschiedliche Pflanzen mit unterschiedlich geformten Blüten. Sie brauchen unterschiedliche Bestäuber und Rüssellängen. All das versuchen wir gerade zu verstehen, aber es ist endlos. Wir wissen einfach noch viel zu wenig.

Verstehen wir wenigstens, was passiert, wenn eine einzelne Art ausstirbt?

Das ist leicht zu verstehen, wenn man hier in Hamburg an den Landungsbrücken steht. Da gibt es einen Ort, der heißt Stintfang, dort wurden früher die Stinte gefangen. Das ist ein fingerlanger Fisch, den es früher massenhaft in der Elbe gegeben hat. Er nimmt eine mittlere Stellung in der Nahrungskette ein. Es gibt ein paar Fische über ihm, die Finte, den Zander und andere, die den Stint fressen. Und dann gibt es ein paar Arten, kleine Schwebgarnelen, die er selber frisst. Er vermittelt sozusagen das obere und das untere trophische Niveau in der Nahrungskette.

Wenn du den Stint rausnimmst, könnte man ja vielleicht denken: Na und, dann verschwindet hier eben eine der 50 oder 55 Fischarten aus der Tideelbe. Was soll's? Das Entscheidende ist aber, dass die Nahrungskette zerreißt, wenn die Stinte verschwinden. Die funktionelle Biodiversität ist hier das Wichtige. Bei der Mittelstellung, die der Stint einnimmt, ist es nicht möglich, dass sich nach seinem Verschwinden die größeren Fische oder der Kormoran direkt an der Basis der Nahrungspyramide bedienen und die Tiere, von denen der Stint sich ernährt hat, kleine Schwimmgarnelen, fressen. Deswegen sind diese funktionellen Zusammenhänge, die wir gerade erst beginnen zu verstehen, so extrem wichtig.

Und es gibt einige Arten, die Seeotter an der Küste von Nordamerika, um noch ein Beispiel zu nennen, die haben Auswirkungen auf ganze Lebensräume. Elefanten verändern in Afrika das Buschland, halten es baumfrei, verändern den Boden. Viele Tierarten wirken sehr stark auf ihre Umgebung ein, auf die Umgebung, in der auch wir leben. Und deswegen ist es ganz wichtig, dass wir die Artenvielfalt insgesamt erhalten.

Die Frage der Fragen: Wie schützt man die Artenvielfalt insgesamt?

Wir müssen einen Flächenschutz erreichen. Das ist viel sinnvoller, als um einzelne Arten zu kämpfen. Es gibt ja auch erste Bestrebungen, die das unterstützen. Von der EU zum Beispiel, die in ihrem Green New Deal den Flächenschutz stärker verankern will.

30 Prozent sollen geschützt werden, fordert die Wissenschaft, von allen Land- und Wasserflächen. Weltweit.

Genau, das ist die grundsätzliche Forderung. Und sie kommt von Leuten wie Eric Dinerstein, einem bekannten amerikanischen Naturschützer, der in den letzten Jahren als lead author, *das heißt Hauptautor, einige Paper über den Flächenschutz veröffentlicht hat. Von ihm gibt es ein autobiografisches Buch, »Tigerland and Other Unintended Destinations«, in dem er beschreibt, wie er in den Siebziger-, Achtzigerjahren als Artenschützer in Asien und in anderen Regionen unterwegs gewesen ist und versucht hat, einzelne Arten zu schützen. Das hat nicht sonderlich gut geklappt, und irgendwann hat er erkannt: Es geht um die Lebensräume. Sie sind der Schlüssel.*

Wenn wir Ökoregionen analysieren, wenn wir also analysieren, welche Arten kommen wo vor, welche Regionen sind besonders wichtig, dann müssen wir versuchen, die wichtigen Flächen konsequent zu schützen. Und da sind die Zahlen tatsächlich erschreckend. Wir haben im Augenblick auf dem Papier 15 Prozent unserer Erdoberfläche, der Natur, geschützt. Wenigstens als »Paper Parks«, als Naturschutzgebiete auf dem Papier. Die sind unterschiedlich gut, du kennst das von deinen Reisen in Asien und Afrika und anderen Regionen.

Es gibt Naturschutzgebiete, die sind überhaupt keine, auch hier in Deutschland. Dafür musst du nicht nach Asien oder Afrika reisen.

Wir reden über die 30-30-Formel. Sie bedeutet, bis zum Jahr 2030, sprich in kaum zehn Jahren, 30 Prozent der Erdoberfläche, Land wie Wasser, unter Naturschutz zu stellen. Um dort dann auch wirklich die Artenvielfalt zu bewahren. Wenn wir das vor unse-

rer eigenen Haustür nicht schaffen, dann sehe ich schwarz, dann haben wir moralisch auch gar nicht das Recht, uns irgendwo an den Verhandlungstisch zu setzen, global, um mit afrikanischen Regierungen darüber zu verhandeln, mehr Landesfläche zu schützen.

In Botswana, Namibia – Länder, die du bereist hast –, da sind manchmal die Hälfte oder zwei Drittel der Landesfläche unter Naturschutz gestellt, und wir schaffen das hier in Deutschland nicht. Wir müssen aber bei uns anfangen, und wir müssen die Dimension erkennen, in der wir Natur schützen müssen. Und idealerweise – der berühmte amerikanische Evolutionsbiologe und Naturschützer E. O. Wilson hat das vorgeschlagen –, wenn wir die Biodiversität wirklich erhalten wollen, dann müssen wir versuchen, noch viel mehr zu schützen. Das ehrgeizige Ziel, das er vorgegeben hat, fasste er in das Stichwort half-earth. *Die Hälfte der Erde unter Naturschutz zu stellen, 50 Prozent. Und da müssen wir hin. Bis Ende des Jahrhunderts.*

Also das ist jetzt mal wirklich eine Jahrhundertaufgabe. Und wohl auch gegen unsere menschliche Natur, oder? Schließlich ist Homo sapiens ja eine Pionierart, ein Eroberer, ein Wanderer. Eine Art, die expandieren will.

Ende dieses Jahrhunderts werden vermutlich zehn oder vielleicht sogar elf Milliarden Menschen auf der Erde leben. Wir vermehren uns bisher nach der simplen biologischen Logik, der jede Pflanze und jedes Tier folgt: Expansion. Die biologische Mechanik führt dazu, dass eine Art sich so lange vermehrt, bis sie alle für sie verfügbaren Ressourcen ausnutzt. Das wiederum führt dann oft zu einer Ressourcenübernutzung, und dann kollabiert die Population, egal, ob es sich dabei um Hasen, Lemminge oder irgendwelche Viren handelt. Arten expandieren grundsätzlich bis in die Krise.

Manchmal pendelt sich danach ein System auf einem niedrigeren Niveau ein, die Zahl der Individuen einer Art ist dann geringer als zuvor, aber dafür hat sie ein natürliches Gleichgewicht mit ihrer Umgebung gefunden, das ihre dauerhafte Existenz sichert. Manchmal stirbt eine Art in der Expansionskrise aber auch aus. Wir Menschen haben durch unsere Intelligenz und unsere Technik zwar die natürlichen Grenzen unserer Vermehrung bisher immer weiter hinausschieben können. Ob und wie lange das weiter möglich sein wird, ist aber völlig ungewiss.

Also können wir gar nicht anders, als alles kaputt zu machen? Das ist biologisch determiniert?

Ja.

Wirklich?

Ja. Wir sind allerdings eine ganz besondere Art. Einerseits sind wir einfach nur biologische Wesen, für die dieselben biologischen Regeln gelten wie für alle anderen. Wir sind nur ein aufrecht gehender nackter Affe. Das können wir überhaupt nicht wegdiskutieren. Denk an den Hexenschuss, den du mal kriegst. Das ist ein evolutionäres Erbe, das du den ersten Vorfahren verdankst, die vor vielleicht fünf, vielleicht aber auch schon vor sechs, sieben und mehr Millionen Jahren angefangen haben, aufrecht zu laufen. Dieses Zusammengestauchte deiner Wirbelsäule ...

... das wir den Fischen aus der Urzeit verdanken ...

... ja, du schleppst dieses Fischerbe mit dir herum, und du schleppst eben auch dieses Primatenerbe, dieses Halbaffen- und Affenerbe mit dir herum. Das fasziniert mich als Evolutionsbiologe wirklich ungemein, wir sind als Primaten, als Affenverwandte eine ganz faszinierende Art. Erst einmal mit allen biologischen Spielregeln.
  Aber wir haben sozusagen neue Spielregeln dazubekommen. Denn wir sind ja gleichzeitig auch Kulturwesen: Da ist also mehr geliefert worden, als bestellt war. Unsere Natur ist eigentlich unsere Kultur. Wir haben uns als Kulturwesen von vielen biologischen Mechanismen und Zwängen unabhängig machen können, in denen Tiere und Pflanzen für immer gefangen sind. Von vielen, aber doch nicht von allen.

Indem wir uns immer neue Ressourcen erschlossen haben. Am Anfang, indem wir einfach immer neue Gebiete bevölkerten. Oder dann, indem wir von der Jagd zur Landwirtschaft übergegangen sind. Wir erschließen uns mit unseren Kulturtechniken neue Ressourcen, und das können Tiere und Pflanzen nicht.

Zumindest nicht in dem Maße.
  Wir sind als Art jetzt 300 000 Jahre alt. Und die meiste Zeit davon, mindestens 99 Prozent unserer Zeit, sind wir Nomaden gewesen, die als Jäger und Sammler durch die Welt gezogen sind. Wir hatten unsere Stärken und unsere Schwächen. Aber

die Population hat nicht zugenommen. Wir waren bloß eine Art unter vielen.

Und hatten nicht viel mehr Impact auf die Umwelt als Quallen, Chamäleons oder Blindschleichen?

Vielleicht schon. Bereits Homo erectus kannte das Feuer. Durch Feuer und viele andere Dinge hatten wir vermutlich schon einen Impact auf die Umwelt.

Das haben auch Elefanten und andere Arten, die Wälder plattmachen oder Samen verbreiten.

Stimmt. Aber das hat den Planeten überhaupt nicht gekümmert. Da waren wir sozusagen neutralisiert. Doch in den letzten 10 000 Jahren haben wir eine komplette Verhaltensänderung durchgemacht. Wir haben uns viel stärker vermehrt.
  Ich bin 1962 geboren, zu der Zeit gab es etwas mehr als drei Milliarden Menschen. Jetzt sind wir 7,9 Milliarden Menschen. In einem halben Jahrhundert haben wir uns weit mehr als verdoppelt. Das ist eine extrem brisante Situation.

Und das ist wirklich neu. Das ist vorher in der Menschheitsgeschichte noch nie passiert.

Richtig.

Und wir können auch sagen, das wird nicht noch einmal passieren, weil die Kapazität der Erde dafür nicht ausreichen würde.

Genau. Die Prognose ist, dass wir bis Mitte des Jahrhunderts zehn und dann wahrscheinlich elf Milliarden Menschen sein werden. Erst danach hört das Wachstum irgendwann auf.

Das betrifft jedoch nur das Bevölkerungswachstum. Nicht das Wachstum beim Ressourcenverbrauch. Wir expandieren und verbrauchen unablässig immer mehr. Warum sind wir so? Ist das genetisch programmiert? Du schreibst in deinem Buch »Das Ende der Evolution« diesen Satz, den ich ständig zitiere: »Wir denken schlau und handeln blöd.« Wir sind gut in der Analyse von Problemen, aber schaffen es nicht, unser Verhalten zu ändern.

Weil uns das Hemd näher ist als die Jacke. Im Grunde scheitern wir an unserem evolutionsbiologischen Erfolg. Wir sind, du hast es gesagt, eine Pionierart, sozusagen eine Unkrautart. Wir plündern eine Ressource aus, dann ziehen wir weiter, bis wir wieder Neues finden.

Wir sind, denk an Kolumbus, mit Segelschiffen in die ganze Welt ausgeschwärmt. Wir haben überall weitere Ressourcen erschlossen. Immer sind wir den Fleischbergen hinterhergewandert. Wir haben Kolonien gegründet und das Land dort ausgeplündert. Weiter und immer weiter. Dieselbe Mentalität treibt, glaube ich, ohne dass er es weiß, Elon Musk heute ins Weltall.

Diese Frontiermentalität zwingt uns, immer wieder neue Regionen zu erschließen. Du siehst das daran, wie die Europäer in Nordamerika die Besiedlung von der Ost- bis zur Westküste vorangetrieben haben, du siehst das an den Australiern, den Maori auf Neuseeland, überall die gleiche Geschichte.

Der Mensch kommt, plündert seine Umwelt aus und zieht weiter. Das hat er immer und überall so gemacht. Plündern ist offenbar Teil unserer Natur.

Und das ist ja auch irgendwie beeindruckend. Es ist eine mutige Leistung, nur mit einer Lanze bewaffnet einem Mammut entgegenzutreten. Das ist schon eine Herausforderung. Aber wir haben diese Herausforderung angenommen, und es hatten dann immer diejenigen den größten Fortpflanzungsvorteil, die am mutigsten waren, weil sie Ressourcen auf sich vereinigen konnten.

Von denen stammen wir ab. Von diesen Hasardeuren. Denen verdanken wir unsere Raubtiermentalität. Der Historiker Yuval Noah Harari nennt uns Menschen deshalb »die größte und zerstörerischste Kraft, die das Tierreich je hervorgebracht hat«. Wachstum um jeden Preis, bis hinein in die Krise, exzessive Ausbreitung, Expansion. Alles wird immer größer und toller, und dann kommt der Absturz.

Viele menschliche Populationen mussten solche Erfahrungen von Untergang und Kollaps machen. Etwa die Hochkultur der Khmer in Angkor in Südostasien, im heutigen Kambodscha. Da ist eine Hochkultur über 500, 600 Jahre aufgeblüht, aber sie haben es schließlich irgendwann versäumt, ihre sehr delikat gestrickte Bewässerungswirtschaft aufrechtzuerhalten. Die Khmer haben drei Reisernten im Jahr geschafft. Beeindruckend. Aber dann hat es Dürren und Überschwemmungen in kurzer Folge gegeben – und danach ist diese Kultur untergegangen.

Das heißt, dass Hochkulturen anfällig sind, wenn sich Um-

weltbedingungen verändern. Und wenn gleich mehrere Veränderungen in Serie wirken, bringt das solche Hochkulturen in Gefahr.

Und das erleben wir gegenwärtig auch. Nur dass es nicht in einer örtlich begrenzten Region – etwa in Angkor, Kambodscha – geschieht, sondern dass es heute ein globales Problem ist.

Aber auch die Kulturen, die sich anpassen konnten, mussten durch eine schmerzhafte Anpassungskrise gehen. Und wenn man das skaliert bis hin zur globalen Betrachtung, die wir ja heutzutage anstellen müssen, dann hieße das doch Hunger, Umweltkatastrophen, Verteilungskriege, die Apokalypse.

Ja, wir haben solche Entwicklungen natürlich tatsächlich bisher nur in exemplarischen Fällen beobachten können.

Aber die Gefahr, vor der ich warnen möchte, ist, dass wir unterschätzen, wie delikat unsere Zivilisation heute schon ist. Es reicht offenbar ein Virus aus, um alles ins Wanken zu bringen. Und denk an die Pest im 14. Jahrhundert. Daran sind vermutlich 26 Millionen Menschen, die Hälfte der europäischen Bevölkerung, gestorben.

Es gibt Naturgesetze, die auch für den Menschen gelten. Und wir plündern im Augenblick alle Ressourcen aus. Das ist zwar ausbeuterisch, aber es funktioniert im Augenblick noch: Wir haben den Hunger reduziert, die meisten von uns haben zu essen. Wir haben ein Dach über dem Kopf, und wir halten unsere Konflikte vielleicht sogar besser in Schach als früher. Wir führen keine Weltkriege mehr oder Schlachten, bei denen ein Großteil der menschlichen Bevölkerung der männlichen Bevölkerung vor allen Dingen – sich den Kopf einschlägt. Von einigen Regionen der Erde abgesehen.

Aber wenn es einen großen Knall gibt, wenn es große Ressourcenprobleme gibt, dann werden wir das wieder tun. Wir sind nicht der weise Mensch, sondern wir sind in solchen Situationen sehr stark biologiegetrieben. Wenn es darauf ankommt, vergessen wir unsere gute Kinderstube. Und das ist die große Gefahr, in die die Menschheit hineinläuft.

Der Hunger nach Ressourcen wächst seit Jahrhunderten kontinuierlich. Den Daten der Organisation Global Footprint Network zufolge verbraucht die Menschheit seit einem halben Jahrhundert ununterbrochen mehr, als die Erde erneuern kann. Inzwischen plündern wir die Ressourcen von anderthalb Planeten Erde aus. Um den gesteigerten Verbrauch zu verdeutlichen, verkündet das Global Footprint Network jährlich den *Earth Overshoot Day,* den Erdüberlastungstag. Er bezeichnet den Tag, an dem im Lauf eines Jahres die global errechnete menschliche Nachfrage nach erneuerbaren, nachwachsenden Ressourcen die global errechnete Fähigkeit der Erde, diese Ressourcen zu erneuern, übersteigt. Dieser Tag, an dem die Ressourcen erschöpft sind, fällt inzwischen bereits in den August. Und der Überverbrauch betrifft nicht nur fossile Brennstoffe wie Öl, Kohle oder Gas, sondern auch Stoffe wie Kobalt oder Lithium, die für die Handy- und Autoproduktion benötigt werden. Frisches Wasser ist inzwischen so knapp, dass 2050 zwei Drittel der Weltbevölkerung nicht mehr genug Frischwasser zur Verfügung haben wird. Sogar der sprichwörtliche Sand am Meer ist inzwischen Mangelware, weil die Industrie mehr Bausand verbraucht, als die Natur herstellen kann. Ackerfläche gibt es ebenfalls nicht genug, zudem schrumpft sie, weil die industrielle Landwirtschaft die Erosion begünstigt und wir etwa 24 Milliarden Tonnen Boden pro Jahr verlieren. Auf der Erde wird inzwischen sogar die Erde knapp.

Probleme kann man niemals mit der Denkweise lösen, die sie verursacht hat, soll Einstein einmal gesagt haben. Bedeutet das, dass die große Krise unvermeidlich ist? Weil wir glauben, jedes Problem durch noch mehr Technik, noch mehr Wachstum lösen zu können?

Also, wir haben tatsächlich ein Problem. Ein ganz großes Problem. Das geht nicht mehr lange gut. Wir werden die biologischen Grundbedingungen unseres Lebens nicht unendlich ausnutzen können, ohne dass es Konsequenzen hat. Und wir haben noch immer keine Problemlösungsstrategien dafür entwickelt.

Aber was ich zu erkennen glaube ist, dass Homo sapiens, in seinen Kulturleistungen angelegt, die Möglichkeit hat – die Experten nennen das »kumulative kulturelle Evolution« –, mit solchen Krisen umzugehen. Wir haben das intellektuelle Rüstzeug. Und zwar indem wir unsere erste und zweite Natur kontrollieren. Unsere erste Natur ist das, was uns, ohne dass wir darüber nachdenken, so nahe liegt: Wir müssen uns ernähren. Wir wollen uns fortpflanzen. Das ist unsere erste Natur. Das zeichnet jedes biologische Wesen aus. Das ist Evolutionsbiologie in Reinform.

Die zweite Natur ist das, was wir mit unserem sozialen Lernen, mit unserem Erleben, mit unserer Erziehung bewirken können. Wir wollen und können auch vieles, was uns biologisch nicht in die Wiege gelegt ist. Wir können uns selbst kontrollieren.

Und dann verfügen wir noch über die dritte Natur, nämlich dass wir als Menschheit, als Gesamtheit versuchen, Handlungsstrategien zu entwickeln, mit denen es uns möglich ist, solche absolut komplexen Probleme zu regeln.

Dafür haben wir supranationale Organisationen gegründet. Und das hat ja auch in den letzten hundert Jahren viel besser funktioniert als jemals in den Jahrtausenden davor. Wir können Kriege verhindern. Wir haben die Sklaverei weitgehend, offiziell zumindest, abgeschafft, auch wenn es natürlich noch immer Formen von Ausbeutung gibt. Das sind Kulturleistungen unserer dritten Natur. Wir haben verabredet, dass bestimmte Dinge nicht mehr die soziale Norm sein sollen, und uns überwiegend auch daran gehalten.

Und was wir lernen müssen, ist, dass diese dritte Natur tatsächlich unsere einzige Hoffnung ist, dass wir international agierend Normen setzen müssen, an die wir uns dann auch halten. Und wir müssen lernen, mit dem, was dieser Planet bietet, auszukommen.

Matthias, vielen Dank für deine Gedanken.

8

Warum sind wir alle Sklavenhalter, Friedel Hütz-Adams?

Mein Name ist Dirk Steffens, und ich habe 42 Sklaven. Menschen, die nur für mich schuften. Die unterbezahlt, ausgebeutet und unterdrückt werden, damit ich mein gutes, bequemes und gesundes mitteleuropäisches Leben führen kann. Damit ich hier an meinem Schreibtisch sitzen kann, in meinem T-Shirt, mit dem Kaffeebecher in der Hand und dem Laptop vor mir, in das ich einen Text über Sklaven tippe, ohne mir dabei die Finger schmutzig zu machen.

42 Menschen leiden nur für mich – so hat es jedenfalls die App Slavery Footprint errechnet, in die ich ein paar Daten zu meinen Lebensumständen eingegeben habe. Das Programm kalkuliert aufgrund meiner Angaben ganz grob meinen persönlichen Ressourcenverbrauch und setzt ihn in Relation zu den Statistiken über unwürdige Arbeitsbedingungen, unter denen zum Beispiel Baumwolle angebaut, Kaffee geerntet oder Lithium gewonnen wird. Von Sklaven. Anders kann man diese

Menschen ehrlicherweise nicht nennen, denn ihre Lebensumstände sind oft so unwürdig und die Entlohnung so lächerlich, dass kein anderer Begriff passt. Moderne Sklaven. Und es gibt Millionen davon, viele Millionen.

Weil ich mich bei meinen Einkäufen oft für das billigste Angebot entscheide, entsteht auf der ganzen Lieferkette, von der Plantage in Afrika bis zu dem Kaffee in meinem Becher, ein enormer Preisdruck. Und was ich beim Schnäppcheneinkauf spare, bezahlen andere Menschen auf anderen Kontinenten mit ihrer Gesundheit, ihrer Freiheit und ihrem Lebensglück. Da darf ich mir nichts vormachen, da dürfen wir uns nichts vormachen: Andere müssen leiden, damit wir genießen können. So ist es. Aber muss das so sein?

> Geschichte, Philosophie und Volkswirtschaftslehre – mit diesem akademischen Rüstzeug ausgestattet, hat Friedel Hütz-Adams sich auf das Thema gestürzt, das ihn schon immer am meisten interessierte: Gerechtigkeit. Er hat zahlreiche Studien über ökologische und soziale Probleme in Wertschöpfungsketten verfasst. Seit 1993 arbeitet Friedel für das Bonner Institut SÜDWIND, das Wirtschaftsbeziehungen erforscht und Empfehlungen erarbeitet, wie diese fairer und gleichberechtigter gestaltet werden können. Insbesondere die Bedürfnisse von armen Menschen und die Benachteiligung von Frauen stehen dabei im Fokus. Das SÜDWIND-Team entwickelt Handlungsstrategien und berät Politik und Wirtschaft bei der Umsetzung.

> Friedel spricht ruhig und bedacht, er wirkt ernst und kontrolliert. Aber manchmal glaube ich in seiner Stimme zu hören, dass die Ungerechtigkeit der Welt ihn rasend macht.

Moderne Sklaverei, Ausbeutung, Ungerechtigkeit. Das sind sperrige, unangenehme Themen, die einem nicht in die Wiege gelegt werden.

Ich habe mich schon zu Schulzeiten sehr darüber aufgeregt, wie ungerecht Armut und Reichtum in dieser Welt verteilt sind, und mich gefragt: Was kann man daran ändern?

Einfach so? War das in dir drin? Oder kommt das Thema aus deinem Elternhaus oder deinem sozialen Umfeld?

Das war, glaube ich, eine Mischung aus beidem. Die Ungerechtigkeiten bekommt man ja zum Teil mit, wenn man abends im Fernsehen die Nachrichten sieht. Wir Menschen verfügen leider über Mechanismen, sie auszublenden – bei mir waren diese Mechanismen aber vielleicht nicht so stark ausgeprägt.
  Ich habe mir die Ungerechtigkeiten und Ausbeutungssysteme damals jedenfalls genau angeschaut. Und überlegt: Will ich dazu arbeiten, will ich versuchen, daran etwas zu ändern? Ich habe dann beschlossen, das zu tun.

Das hört sich nach einer sehr bewussten und abgeklärten Entscheidung an. Warst du als junger Mann nicht auch einfach wütend?

Ich bin auch heute teilweise noch richtig wütend, weil Diskussionen über Schicksale von Menschen häufig so geführt werden, dass gesagt wird: Dafür haben wir gerade keine Ressourcen frei; das ist zu teuer; das ist am Markt nicht durchsetzbar – all diese Phrasen. Solche Äußerungen machen mich immer noch sehr, sehr wütend. Denn Ausbeutung kann nur stattfinden, weil sich so viele Menschen damit abgefunden haben.

Wenn ich den Begriff Sklaverei höre, denke ich unwillkürlich an Bilder aus Spielfilmen: Sklavenmärkte, Sklavenhändler, Peitschen und Ketten, brutale Aufseher auf Baumwollplantagen in den amerikanischen Südstaaten. All das gibt es heute nicht mehr. Trotzdem sagst du: Die Sklaverei ist immer noch da. Trotz der Allgemeinen Erklärung der Menschenrechte, trotz all der Gesetze und Beteuerungen. Warum sehen wir die moderne Sklaverei nicht?

Wenn beispielsweise ein deutscher Einkäufer in einen Steinbruch in Indien geht, dann sieht er die dort Beschäftigten nur kurz, wenn überhaupt. Wenn er sozial engagiert ist, schaut er sich die Arbeitsbedingungen genauer an und lässt sich unter Umständen sogar Lohnlisten zeigen, um herauszufinden, ob die Beschäftigten überhaupt bezahlt werden.

Was er aber vielleicht nicht sieht, ist, dass der Besitzer dieses Steinbruchs die Arbeiter von weit her hat kommen lassen. In der Regel arbeiten Männer in den Steinbrüchen. Es kann also sein, dass der Besitzer des Steinbruchs diesen Männern die Reise vorfinanziert hat. Er hat für die Arbeiter bezahlt und auch für deren Familien, damit sie mitkommen können. Und jetzt will er das Geld dafür zurück, mit horrenden Zinsen.

Das heißt, die Männer in diesem Steinbruch arbeiten gegen die Zinsen an. Aber weil sie so wenig verdienen, werden die Schulden vielleicht immer höher. Sie wissen, dass sie sich aus dieser Schuldenspirale nicht befreien können. Obwohl sie auf dem Papier angestellt sind, obwohl sie Lohn erhalten.

Irgendwann kommt der Punkt, an dem ihnen die Schulden so sehr über den Kopf wachsen oder sie krank werden, dass sie ihre eigenen Kinder zur Arbeit schicken, weil sie diese Schulden irgendwie abarbeiten müssen.

Das alles ist von außen zum Teil sehr schwer erkennbar.

Ein Moment, in dem die Strukturen moderner Sklaverei für die ganze Welt erahnbar wurden, war der Einsturz der Textilfabrik Rana Plaza in Bangladesch.

Ja, das war fürchterlich. Aber leider nicht überraschend.

24. April 2013: Auf acht Stockwerke verteilt arbeiten knapp 3500 Männer, Frauen und Kinder in einer Produktionsstätte der Phantom Apparels Ltd. in Sabhar, Bangladesch. Die Aufträge stammen auch von internationalen Modefirmen wie Primark, Benetton, Mango, C&A, Adler oder KiK. Als das Rana Plaza genannte marode Gebäude in sich zusammen-

stürzt, sterben 1134 Menschen, mehr als 2000 werden zum Teil schwer verletzt. Dabei hatte der deutsche Prüfdienstleister TÜV Rheinland die Bauqualität nur wenige Monate zuvor als gut bezeichnet – so berichtet die Hilfsorganisation Brot für die Welt.

Der Fall Rana Plaza gilt als das bisher schwerste Unglück in der internationalen Textilindustrie. Die Katastrophe hatte sich angekündigt, am Vortag waren erhebliche Schäden am Mauerwerk aufgefallen. Die Polizei verhängte sogar ein Zutrittsverbot. Offensichtlich mussten die Näherinnen und Näher dennoch zur Arbeit antreten.

Nach der Katastrophe wurde auch in der deutschen Politik über moderne Sklavenarbeit diskutiert. Auf Initiative des damaligen Entwicklungshilfeministers Gerd Müller wurde das Bündnis für nachhaltige Textilien ins Leben gerufen, an dem sich die Unternehmen jedoch nur zögerlich beteiligten. Im Sommer 2021 beschloss der Bundestag das sogenannte Lieferkettengesetz. Seither stehen deutsche Unternehmen in der Verantwortung, die Einhaltung der Menschenrechte in ihren Lieferketten sicherzustellen. Zur Begründung des Gesetzes schrieb das Bundesministerium für wirtschaftliche Zusammenarbeit und Entwicklung: »Millionen Menschen leben weltweit in Elend und Not, weil soziale Mindeststandards wie das Verbot von Zwangs- und Kinderarbeit missachtet werden. 79 Millionen Kinder arbeiten weltweit unter ausbeuterischen Bedingungen.«

Neue Initiativen und Gesetze gab es nach dieser Katastrophe in vielen Ländern auf der ganzen Welt. Hat das alles nichts gebracht?

Was mich nach diesem Unglück wirklich wütend gemacht hat, war die Äußerung eines leitenden Managers eines Textilunternehmens auf einer Tagung ein paar Jahre später. Da hat er stolz verkündet, dass ihm das nicht passiert wäre. Denn: Man habe doch gewusst, in welchem Zustand viele der Gebäude seien. Seine Firma hätte also erst einmal einen Statiker in das Gebäude geschickt, um Wände und Decken zu prüfen.

Das heißt im Klartext: Die Branche hat es gewusst. Die Branche hat gewusst, dass es große Probleme gab. Viele Unternehmen haben aber nichts unternommen, weil sich in Bangladesch damals eben die billigste Möglichkeit bot, Kleidung und Schuhe einzukaufen.

Man hatte die Produktion in China aufgegeben, weil China zu teuer wurde, und ist nach Bangladesch abgewandert. Erst nach dem Unglück haben die meisten Unternehmen die Statik aller Bauwerke der Firmen, von denen sie Kleidung und Schuhe bezogen, geprüft. Manche haben vielleicht auch verstärkt auf Löhne und Arbeitsbedingungen geschaut – aber das ging nicht so weit, dass es zu durchgreifenden Änderungen kam. Immerhin gibt es mittlerweile verschiedene Bündnisse und Zusammenschlüsse innerhalb der Textilindustrie, die sich um so etwas kümmern. Diese sind jedoch zu oft unverbindlich und freiwillig.

Es hat also Verbesserungen in Bangladesch gegeben, allerdings mit Verzögerung, und Rana Plaza wäre zu verhindern gewesen.

Das alte Muster? Alle Warnungen werden aus Profitgier ignoriert, erst nach der Katastrophe passiert etwas?

In einigen Bereichen, leider ja. In Gesprächen mit Unternehmen aus verschiedenen Branchen habe ich beispielsweise mitbekommen, dass ein Konzern, der metallische Rohstoffe bezieht, versucht hat herauszufinden, aus welchen Minen diese eigentlich stammen, um zu verhindern, dass er sein eigenes Rana Plaza erlebt. Aber vorher hat sich niemand gekümmert.

Die schiere Zahl der Toten und die katastrophalen Bilder, die aus Bangladesch zu sehen waren, haben dafür gesorgt, dass dieses Unglück zumindest ein wesentlich stärkerer Weckruf für verschiedene Branchen war als vorangegangene Unglücke. Schließlich wurden im Schutt die Etiketten etlicher westlicher Marken gefunden, und damit war klar, für wen die Menschen indirekt gearbeitet haben.

Es hatte ja schon vorher Brandkatastrophen mit Dutzenden oder Hunderten Toten in Textilfabriken gegeben. Das waren aber immer kleinere, lokale Ereignisse, nicht zu vergleichen mit dem Unglück von Rana Plaza, wo ein ganzes Gebäude eingestürzt ist und man tagelang nach Verschütteten gegraben hat in der Hoffnung, noch jemanden zu finden.

Mein Eindruck war auch, dass dieses Unglück sowohl in der Politik als auch in Unternehmen Erschütterungen ausgelöst hat, die zumindest an einigen Punkten zu Taten führten.

Ist die Textilindustrie denn ein besonders übler Wirtschaftszweig? Oder hat es sie mehr oder weniger zufällig zuerst getroffen?

Es ist eine Mischung aus beidem.

Die Textilindustrie ist mit steigenden Lohn- und Produktionskosten in den Industrieländern schon vor Jahrzehnten auf eine große Reise um die Welt gegangen, immer an die Orte, wo es am billigsten war. Das betrifft vor allem die Bekleidungsindustrie, denn im Grunde kann man Kleidung fast überall nähen.

In den 1990er-Jahren hieß es sogar einmal, dass die ideale Bekleidungsfabrik eigentlich ein Haufen von Nähmaschinen auf einem Schiff sei, das immer in dem Hafen anlegt, wo die Löhne gerade am niedrigsten sind und die Gewerkschaften am besten unterdrückt werden können.

Zynischer geht es nicht mehr.

Um aber noch einmal auf die Textilindustrie zurückzukommen: Wenn es um Probleme geht, reden wir hauptsächlich über die Fabriken. Aber wenn wir Formen von Zwangsarbeit betrachten, Zwangsarbeit von Kindern mit eingeschlossen, fängt es schon beim Baumwollsaatgut an.

Es gibt ältere Studien zur Produktion von Baumwollsaatgut in Indien. Viele Jahre arbeitete dort ein hoher Anteil an Kindern auf diesen Plantagen. Man verwendet genverändertes Saatgut, und das will man auf den kleinen Feldern sortenrein halten. Jede einzelne Blüte wird deswegen mit einem Tütchen bedeckt und per Hand bestäubt. Es sind oft Mädchen, die das machen, weil diese Arbeit selbst für Jungen zu schlecht bezahlt ist. Die Situation hat sich dank intensiver Kampagnenarbeit indischer Nichtregierungsorganisationen zwar verbessert, aber vollständig beseitigt ist Kinderarbeit in der indischen Baumwollproduktion auch heute noch nicht.

Die Saatgutproduktion steht am Anfang der Produktion von Baumwolle. Danach geht es mit den Problemen auf den Baumwollfeldern weiter, dann mit den Problemen in der Baumwollverarbeitung.

Wir haben zum Beispiel jetzt gerade in China das Thema, dass dort mehr als eine Million Uiguren und Uigurinnen in staatlichen Umerziehungslagern interniert sind und sie im Rahmen der Umerziehung zu Zwangsarbeit verpflichtet werden. Dies geschieht in einer Region, Xinjiang, aus der 20 bis 25 Prozent der weltweiten Baumwollernte geliefert werden.

Bei Rana Plaza sind wir da noch gar nicht angekommen ...

Das alles steht in direkter Verbindung mit jedem und jeder hier bei uns. Denn wir kaufen Kleidung, Schokolade, Tee, Kaffee, Obst, Nüsse, Autos, Handys, all diese Produkte, hinter denen womöglich Zwangsarbeit steckt, ohne dass wir es so genau wissen können oder wollen. Wer zumindest ein bisschen verantwortungsvoll konsumieren möchte, verlässt sich auf Güte-, Öko-, Fairtrade- und auf was weiß ich noch alles für Siegel. Ist das sinnvoll?

Es macht Sinn. Weil Unternehmen, die gesiegelte Produkte in Umlauf bringen, zeigen, dass sie angefangen haben, sich um die Probleme zu kümmern.

Immerhin.

Ja, immerhin. Aber Siegel sind trotzdem für viele Schwierigkeiten keine Lösung.

Kein Wunder, denn bei der Siegelschwemme kann man schnell den Überblick verlieren. Aber zumindest ein Siegel kennen wirklich fast alle: das schwarz-grün-blaue Fairtrade-Siegel.

Seit Herbst 2020 gibt es das Fairtrade-Siegel in Deutschland in zwei Ausführungen. Produkte, auf denen das eigentliche Siegel klebt, dürfen nur Zutaten enthalten, die zu 100 Prozent fair gehandelt sind und deren Herkunft sich vollständig zurückverfolgen lässt, etwa bei Kaffee, Kakao oder Bananen. Es müssen beim Anbau und bei der Herstellung außerdem gewisse soziale, ökologische und ökonomische Standards erfüllt werden: So soll es demokratische Strukturen geben, die Umwelt darf nicht über Gebühr geschädigt werden, und die Handelswege sollen transparent sein.

Und dann, nicht ganz einfach zu erkennen, gibt es daneben das Fairtrade-Siegel mit schwarzem Pfeil an der Seite. Man findet es auf Verpackungen von Produkten, die aus mehreren Zutaten bestehen, zum Beispiel Kekse, Schokolade oder Kosmetika. Dabei müssen zumindest all die Inhaltsbestandteile, bei denen das möglich und sinnvoll ist, aus fairem Handel stammen, die anderen jedoch nicht.

Der schwarze Pfeil kann auch ein Hinweis darauf sein, dass bei dem Produkt der sogenannte Mengenausgleich angewendet wurde. Hierbei dürfen fair und konventionell erzeugte Bestandteile vermischt werden. Die Begründung: Aus logisti-

> schen Gründen kann die Herkunft jedes einzelnen Krümels Tee in einer Lieferung nicht zu 100 Prozent zurückverfolgt werden. Deshalb reicht der Nachweis, dass eine entsprechende Menge Rohstoff vom Hersteller fair eingekauft wurde.

Gib mir Hoffnung, Friedel: Dieses Siegel ist doch eine gute Sache, oder?

Fairtrade-Bananen sind mit Sicherheit eine Verbesserung gegenüber Standardbananen. Es ist aber so, dass der Aufpreis, den Fairtrade den Bauern und Bäuerinnen zahlt, davon abhängt, wie viele Unternehmen bereit sind, am System mitzumachen. Sind das nur wenige Firmen, ist der Vorteil für die Menschen gering. Prämien gibt es nur für die Mengen, die auch mit Label verkauft wurden. Oft muss aber ein großer Teil der Ernte ohne Label und damit auch ohne Prämie verkauft werden. Trotzdem fallen die Gebühren für die Zertifizierung und die Audits an. Ohnehin sind die Prämien, die Produzenten für den fairen Handel gezahlt werden – zumindest nach den Berichten von einigen, die Bananen anbauen –, noch nicht ausreichend, um existenzsichernde Löhne an die Plantagenarbeiter zu bezahlen oder um damit als Kleinbauer auszukommen. Die Sache ist nicht perfekt, aber sie ist ein Schritt nach vorne.

Schauen wir uns ein weiteres Siegel an, das GEPA-Siegel, etwa auf einer Biotrinkschokolade. Hier sind wir bei deinem Leib- und-Magen-Thema, darauf kommen wir gleich noch. Da müsstest du doch strahlen vor Glück.

Friedel Hütz-Adams

Das wäre tatsächlich ein sehr, sehr hochwertiges Produkt. Aber es zeigt zugleich wieder einen Teil des Problems. Wir finden im Supermarkt nur sehr wenig GEPA-zertifizierte Schokolade und mit Ausnahme des kleinen Inselstaats São Tomé und Príncipe auch keine aus den Hauptanbaugebieten Afrikas. Das liegt daran, dass die GEPA sehr hohe Anforderungen an Kooperativen und an die Qualität des Kakaos stellt, den diese Kooperativen liefern. Die Bäuerinnen und Bauern, die für die Standardproduktion in Westafrika verantwortlich sind, werden es so schnell aber nicht hinbekommen, sich so gut zu organisieren und so gut zu produzieren, dass sie von GEPA zertifiziert werden. Betrachtet man Lösungen für den gesamten Markt, ist dieses Label nur ein ganz, ganz kleiner Schritt.

Wir drehen jetzt einmal eine kleine Schleife ins Gespräch, denn Schokolade ist, wie ich eben erwähnt habe, eines deiner Spezialthemen. Warum eigentlich?

Das war eher ein Zufall. Unser Institut erhielt eine Anfrage zum Thema Kakao.

Aber es gibt da schon auch eine persönliche Ebene. Ich habe mich lange mit dem Abbau von Natursteinen in Indien beschäftigt und dazu Studien verfasst. In diesem Zusammenhang war ich sehr viel mit Kinderarbeit und den Krankheiten, die mit einer solchen Arbeit einhergehen, konfrontiert. Ich fand das alles sehr frustrierend und habe in dieser Zeit ziemlich viel Schokolade gegessen.

Zwei Jahre später fand ich mich dann dabei wieder, eine Studie über Kinderarbeit im Schokoladensektor zu schreiben. Ich hab's nicht gewusst ...

Zurück zu den Siegeln. Es existieren viele Fairtrade-Siegel, die sich Produzenten selbst geben. Etwa Biomarken wie Rapunzel. Was hat es damit auf sich? Taugen sie etwas?

Die Kriterien, die Rapunzel sich selbst gegeben hat, sind ziemlich hoch und decken neben ökologischen Aspekten auch soziale Anforderungen ab. Aber auch hier sprechen wir von einer recht kleinen Nische. Und das bedeutet, dass wir uns preislich in einer völlig anderen Kategorie bewegen als bei Standardprodukten.

Das betrifft vor allem auch die Produkte von Demeter. Demeter ist sozusagen die Hardcorevariante unter den Bio-Labels.

Wir sollten an dieser Stelle einmal deutlich sagen: Ein Fairtrade-Label ist kein Bio-Label, und Öko-Zertifikate sagen nicht unbedingt viel über die soziale Fairness der Produktionsbedingungen aus. In der Praxis schließen die meisten fairen Labels aber auch gewisse ökologische Anforderungen mit ein, und andersherum schauen die Bioorganisationen meist auch ein wenig auf die soziale Frage. Die Gewichtungen unterscheiden sich aber je nach Siegel. Ich nehme an, wenn Demeter Hardcore ist, dann gilt das Bio-Label der EU als Softie?

Ja, eine ziemliche Softie-Variante ...

Ich möchte aber gerne noch etwas zu den Standardprodukten ergänzen, denn das sind schließlich größtenteils diejenigen Produkte, die wir im Supermarkt finden, nicht die besiegelten Produkte.

Ein Beispiel: Haselnüsse aus der Türkei. Sie sind ein großes Problem. Der größte Teil der Haselnüsse wird dort nämlich von kurdischen Wanderarbeitern und Wanderarbeiterinnen mitsamt ihren Kindern gepflückt, die in Lagern in den Haselnussanbaugebieten leben.

Die Zustände, die ich dort gesehen habe, waren unglaublich. Das erinnerte mich an die üblen Zustände in Flüchtlingslagern.

Nach meinen Informationen sind die kurdischen Wanderarbeiter und Wanderarbeiterinnen aber mittlerweile von syrischen Flüchtlingen verdrängt worden, die für noch weniger Geld arbeiten.

Muss ich auch ein schlechtes Gewissen haben, wenn ich beispielsweise Tee aus China kaufe? Damit unterstütze ich doch indirekt ein totalitäres System, oder?

Man muss da schon den Handel vom politischen System unterscheiden. Tatsächlich aber sind die Handelswege in China sehr undurchsichtig, wie man im Moment bei den Diskussionen um die Uiguren und die Zwangsarbeiterlager merkt. Uiguren werden in der chinesischen Textilindustrie eingesetzt, pflücken aber unter anderem auch Tomaten. Es gibt das Gerücht, dass ein erheblicher Teil dieser Tomaten nach Italien geliefert, dort gewürzt wird und dann als italienische Pizzatomaten in Dosen zu uns nach Deutschland kommt.

Noch einmal zum Verständnis: Chinesische Tomaten werden womöglich von uigurischen Zwangsarbeitern geerntet, nach Italien geschifft, dort verarbeitet und schließlich als italienisches Tomatenprodukt in Deutschland verkauft? Das kann ich kaum glauben.

Das ist zumindest der Vorwurf. Die US-Regierung hat nicht nur den Import von Baumwollkleidung aus China beschränkt, sondern auch den von Tomaten. Und zwar mit der Begründung, dass Tomatenmark aus China in die ganze Welt geliefert wird, dann aber nicht als chinesisches Tomatenpüree auf den Markt kommt. Ob es stimmt, was die US-Regierung da sagt, dafür kann ich meine Hand nicht ins Feuer legen, aber ich halte es nicht für ausgeschlossen.

Du bist wirklich eine Spaßbremse. Es tut mir leid, wenn ich das sagen muss.

Diesen Vorwurf kenne ich auch aus meinem Freundeskreis: Jetzt willst du mir das auch noch vermiesen ... Aber da sind wir wieder bei der Verantwortung der Kundinnen und Kunden, vor allem aber bei der der Unternehmen. Es liegt in ihrer Verantwortung zu entscheiden, wo sie ihre Produkte kaufen, und dann dafür zu sorgen, dass ihre Produkte dort unter vernünftigen Bedingungen hergestellt oder angebaut werden.

Die Unternehmen können das. Achten sie zum Beispiel auf Qualität, machen sie es. Wenn ich landwirtschaftlich erzeugte frische Produkte kaufe, finde ich auf der Packung eine Nummer. Das ist die sogenannte GlobalG.A.P-Nummer oder GGN. Über sie kann ich in einer Datenbank die Erzeugung des Produktes bis zum Ursprung nachvollziehen, und zwar hinsichtlich der Verunreinigungen und des Einsatzes von Pestiziden. Leider kennt kaum jemand diese Zertifizierung. Aber es zeigt, dass Systeme der transparenten Rückverfolgung im Handel und in der Industrie durchaus möglich sind.

Lass uns zum Thema Konsum zurückkehren. Wie wohl die meisten Menschen möchte ich eigentlich verantwortungsbewusst einkaufen, ich will ja anderen Menschen nicht schaden. Aber dann stehe ich im Supermarkt und bin überfordert. Und wenn ich dir zuhöre, verstärkt sich dieses Gefühl noch, weil ich einfach nicht alle Zusammenhänge und Lieferketten kennen kann. Das kann kein Mensch. Für viele ist es frustrierend, deshalb höre ich oft: Das ist alles undurchsichtig, die Siegel sind auch nicht so toll, das ist alles traurig, aber ich kann daran nichts ändern.

Ich möchte erst einmal an dieser Verantwortung kratzen. Ich selbst beschäftige mich hauptberuflich mit diesen Themen, und ich kenne durch alle möglichen Analysen die Wirkung von Labels und von Siegeln, ich kenne Produktvergleiche ohne Ende.

De facto gibt es so viele Parameter, die ich zu bedenken habe, dass es eigentlich auch für mich unmöglich ist, durch den Supermarkt zu gehen und die richtige Entscheidung zu treffen.

Die perfekte Ausrede, nichts zu tun, oder?

Nein, das würde ich so nicht sagen.

Es zeigt, dass wir auf einen Irrweg geraten sind, als beschlossen wurde, die Einhaltung solcher Standards auf freiwilliger Basis kenntlich zu machen. Unternehmen kleben sich ihre eigenen Label auf ihre Produkte und suggerieren uns damit, dass sie eine Lösung gefunden haben, auch wenn solch ein Label häufig nichts löst.

Lass mich noch einmal auf das Beispiel Kakao und Schokolade zurückkommen. Fairtrade- oder Rainforest-Alliance- oder

UTZ-zertifizierter Kakao aus Westafrika ist für die anbauenden Familien oft nicht oder kaum lukrativer als herkömmlicher Kakao. Der Unterschied ist marginal, weil auch eine Fairtrade-Prämie sich immer an dem orientieren muss, was Unternehmen bereit sind, im Wettbewerb zu bezahlen. Label lösen also nicht wirklich Probleme.

Ich habe immer wieder die Schwierigkeit, dass ich gefragt werde, welche Labels ich denn empfehlen würde. Und dann sage ich: Wenn ich genau hinter jedes einzelne Label gucke, sehe ich, dass allenfalls einzelne Aspekte berührt werden, aber nur sehr wenig Veränderung in den Marktstrukturen stattfindet. Und da sind wir beim Lieferkettengesetz. Die Verantwortung für die Einhaltung von Menschenrechten in Lieferketten liegt bei den Unternehmen. Punkt.

Das funktioniert nicht ohne die Politik, sie muss entsprechende Gesetze erlassen, etwa besagtes Lieferkettengesetz.

Ganz präzise heißt es »Gesetz über die unternehmerischen Sorgfaltspflichten zur Vermeidung von Menschenrechtsverletzungen in Lieferketten« oder, kaum weniger sperrig, Lieferkettensorgfaltspflichtengesetz (LkSG). Wenn Unternehmen Hosen, T-Shirts, Sneaker, Mobiltelefone, gemahlene Haselnüsse oder was auch immer herstellen und vertreiben, müssen sie Verantwortung für die Einhaltung gewisser sozialer Standards übernehmen. Das ist nicht neu. Durch das Lieferkettengesetz werden sie nun jedoch gezwungen, nicht nur in den eigenen Fabriken darauf zu achten, sondern auch bei ihren Zulieferbetrieben. Bisher sind sie allerdings nicht für die gesamte Lieferkette bis zurück zum ersten Glied verantwortlich, sondern nur für ihre direkten Zulieferer. Und zunächst gilt das neue Gesetz auch nur ab 2023 für Betriebe mit mindestens 3000 Beschäftigten – aber diese Regeln sollen nach und nach weiter verschärft werden. So sollen von 2024 an Betriebe mit mehr als 1000 einbezogen werden.

Das Gesetz wurde im Juni 2021 von Bundestag und Bundesrat beschlossen. Es geht zurück auf Leitlinien für Wirtschaft und Menschenrechte, die von den Vereinten Nationen bereits ein Jahrzehnt zuvor verabschiedet worden waren.

Ein Gesetz, das viel guten Willen zeigt. Wie gut ist es in der Praxis?

Zunächst einmal zeigt sich an den ablehnenden Reaktionen aus der Industrie, dass den Unternehmen sehr wohl klar ist, dass sie in Ländern aktiv sind, in denen Menschenrechte gebrochen werden. Das ist das eine.

Das andere ist, dass es gleichzeitig Verbände gibt, die im vollen Brustton der Überzeugung sagen, dass deutsche Unternehmen vorbildlich handeln, wir also gar kein Gesetz bräuchten, weil in den Lieferketten keine Menschenrechte gebrochen würden. Das ist ein unheimlicher Widerspruch, der aufgelöst werden muss.

Letztlich ist es doch so, und da komme ich wieder zu meinem Lieblingsthema Kakao: 90 Prozent der deutschen Kakaoimporte stammen aus Westafrika. Dafür gibt es schlicht und ergreifend keinen Ersatz. Ich muss diese Kette aufräumen, weil es keine anderen Lieferanten gibt.

Die Unternehmen haben dann keine Ausreden mehr?

Ja, das Gleiche gilt für Kobalt, beispielsweise aus dem Kongo. Ein einzelnes Unternehmen könnte noch sagen: Ich kaufe woanders. Aber für die Gesamtheit der Unternehmen, die Kobalt abbauen, steht in anderen Ländern einfach nicht genug zur Verfügung.
Kaffee ist ein weiteres Beispiel. Auch wenn die Unternehmen sagen, dass sie in Länder ohne oder mit weniger Menschenrechtsverletzungen gehen, wenn die gesetzlichen Vorgaben zunehmen – sie werden es nicht tun. Eine Konzentration auf einzelne Länder, etwa in Lateinamerika, bietet sich einfach nicht an, schon wegen der Klima- und Wetterrisiken. Wenn dort eine Region von Dürre betroffen ist, würde der Kaffeepreis durch die Decke gehen, und die Unternehmen wären froh, auf verschiedene Länder zurückgreifen zu können. Allein im Hinblick auf die Risikostreuung ist das also ein fadenscheiniges Argument.

Was ich mich die ganze Zeit frage: Ist die Nachvollziehbarkeit, die im Gesetz gefordert wird, wirklich umsetzbar? Wenn wir uns zum Beispiel einen VW Golf ansehen. Der besteht aus Tausenden von Teilen, da kommen unendlich viele Rohstoffe zusammen. Das reicht von seltenen Erden für die Elektronik über verschiedene Metalle bis hin zu Holz möglicherweise für das Lenkrad und Leder für die Sitze.
Die Rohstoffe gehen in die Weiterverarbeitung, die sich teilweise über den ganzen Globus erstreckt. Das Leder kommt viel-

leicht von einer argentinischen Kuh, wird dann aber in einer indischen Gerberei unter unwürdigen Bedingungen weiterverarbeitet und danach mit Schiffen über den Ozean gebracht, deren Besatzung wiederum unter unwürdigen Bedingungen arbeiten muss. Sind diese Wege wirklich nachvollziehbar für die Unternehmen?

Teilweise sind sie nachvollziehbar, teilweise können sie nachvollziehbar gemacht werden.

Dazu muss man sagen, dass die Konzerne großen Wert auf Qualität legen, und für diese Qualität machen sie transparent, was woher stammt.

Nehmen wir noch einmal ein Beispiel aus meiner Praxis, einen deutschen Mittelständler, der Kühlergrills für eine deutsche Nobelkarosse gießt. Der sagt: Natürlich weiß ich, aus welcher Schmelze das Aluminium kommt, das ich benutze. Die Schmelze gibt oft eine Garantie dafür, dass es aus hochwertigem Erz aus dem und dem Land gefertigt ist, weil es auf diesen Kühlergrill zwölf Jahre Gewährleistung gibt.

Das war nicht immer so. Als ich vor gut einem Jahrzehnt anfing, in diesem Bereich zu recherchieren, haben mir die Unternehmen gesagt: Wir wissen nicht, wo die Rohstoffe herkommen. Wie können Sie überhaupt verlangen, dass wir das alles wissen?

Dieses Argument hört man auch oft aus der Politik: Es sei in der Praxis für Konzerne der westlichen Welt nicht zu leisten, wirklich bis zur Quelle zurückzuverfolgen, wo etwas unter welchen Bedingungen hergestellt wird. Du beschäftigst dich seit 30 Jahren mit diesem Thema. Stimmt das?

Wenn Unternehmen das wollen, können sie es zurückverfolgen.

Ich ziehe ein kurzes Zwischenfazit. Was ich bis hierher von dir gelernt habe, wenn es um die Verantwortung für die Produkte geht, die wir konsumieren, ist: Wir neigen oft dazu, mit dem Finger auf andere zu zeigen. Entweder auf die Produzenten oder die Verbraucher oder die Politik.

Aber die einzelnen Player sind auf sehr komplexe Art und Weise miteinander verzahnt. Ist also niemand wirklich verantwortlich, ist kein Hauptschuldiger auszumachen?

Doch, das funktioniert in gewissem Maße schon. Wenn ich mir die verschiedenen Sektoren anschaue, stoße ich nämlich immer wieder auf ein Problem: Bei uns in Deutschland läuft der Verkauf von Produkten sehr stark über den Preis. Wenn die Unternehmen die Preise drücken wollen, um ihre Waren in Deutschland möglichst gut verkaufen zu können, erzeugen sie Druck bei sämtlichen vorgelagerten Produktionsstufen. Das führt letztlich dazu, dass in der Saatgutproduktion die Kinder arbeiten.

Dasselbe gilt für den Kakao. 90 Prozent der europäischen Kakaoeinfuhr kommen aus Westafrika, die mit Abstand größten Produktionsländer sind die Elfenbeinküste und Ghana. Allein in diesen beiden Ländern arbeiten 1,6 Millionen Kinder in der Kakaoproduktion. Laut einer Studie von 2020 gab es unter diesen Kindern immer wieder Fälle von Zwangsarbeit.

Noch mal für alle: Wir sprechen hier über den Kakao, der bei uns im Supermarktregal liegt, wir sprechen über Süßigkeiten, für die Kinder in Afrika leiden, damit wir unseren Kindern eine Freude machen können?

Ja. Und genau beim Kakao erleben wir einen ganz massiven Preiskampf zwischen den Marken. Schon allein aufgrund der Eigenmarken der Einzelhandelsketten, die großen Druck auf die Schokoladenproduzenten ausüben und diese wiederum auf die Kakaoverarbeiter.

Und der Preis, der für Kakao bezahlt wird, ist heute inflationsbereinigt nur noch halb so hoch wie vor 50 Jahren.

Die Einzelhandelsketten haben eine riesige Macht. Wenn die sich zusammensetzen würden, könnten sie unseren Markt drastisch verändern.

Richtig. Wenn hier in Deutschland ein stärkerer Impuls von den Einzelhandelsketten ausginge, wären wir einen großen Schritt weiter. Aber da stehen wir vor dem nächsten Problem, denn kartellrechtlich gesehen dürfen sie das nicht.

Das ist doch hanebüchen. Da heißt es, wir wollen Menschenrechte schützen, und dann kommt die Kartellaufsichtsbehörde und sagt, nein, aus kartellrechtlichen Gründen dürft ihr die Menschenrechte nicht schützen. Das kann nicht ernsthaft ein Argument sein.

Doch, das ist es.

Alle, die den Kakaosektor kennen, wissen, dass der Preis pro

Tonne Kakao, den die Bäuerinnen und Bauern bekommen, deutlich steigen müsste.

Das macht pro Tafel Schokolade gar keinen großen Unterschied im Verkaufspreis. Im Moment sind in einer Tafel Vollmilchschokolade zwischen sieben und acht Cent an Kosten für den Kakao enthalten. Davon erhalten die Bäuerinnen und Bauern vier bis fünf Cent. Wenn ich diesen Anteil verdoppeln würde, könnten wir uns das hier noch gut leisten.

Aber in dem Augenblick, in dem zwei oder drei Unternehmen sich in einen Raum setzen und sagen: Wir vereinbaren jetzt einen höheren Preis für Kakao, werden sie vom Kartellamt verklagt.

Das heißt in der Konsequenz: Wenn ich in Deutschland etwas gegen moderne Sklaverei tun will, muss ich nicht vor einem Aldi-, Netto- oder Lidl-Markt demonstrieren, sondern vor dem Kartellamt.

Nichtregierungsorganisationen fordern seit Jahren, dass derartige Preisabsprachen erlaubt sein sollen, wenn es um die Einhaltung der Menschenrechte geht. Im Moment aber sind sie verboten.

Ich sitze selbst in verschiedenen Gremien, auch im Forum Nachhaltiger Kakao. Vor jeder Sitzung wird dort der kartellrechtliche Brief verlesen, in dem wir uns alle dazu verpflichten, nicht über Preise zu reden.

Das ist absurd, weil alle wissen, dass wir ohne einen höheren Kakaopreis nicht wirklich weiterkommen im Kampf gegen Kinder- und Zwangsarbeit. Aber der Schutz der Verbraucherinnen und Verbraucher vor zu hohen Preisen hat im deutschen und auch im europäischen Recht leider Vorrang vor dem Schutz von Menschenrechten.

Aber es muss doch jemanden geben, der diesen Prozess bremst. Es kann doch nicht sein, dass wir solche Zustände wirklich beibehalten wollen.

In Deutschland war das unter der letzten Regierung ganz klar das Wirtschaftsministerium. Das war schon gegen die Konfliktmineralien-Verordnung, die die EU verabschieden wollte. Sie sollte verhindern, dass Bürgerkriege durch Rohstoffe finanziert werden.
Und wir haben massiven Widerstand gegen eine Verpflichtung der Unternehmen, Menschenrechte einzuhalten, gesehen. Es war immer wieder das Wirtschaftsministerium, nicht allein, aber hauptsächlich. Mal sehen, ob sich das unter der neuen Regierung ändert.

Wie gehst du damit um? Ich finde es schon allein beim Zuhören unheimlich frustrierend, dass es so viel zu tun gibt, und dann kommen obendrein die Bremser ... Wie schaffst du es, deine Laune oben zu halten? Da hilft ja nicht nur gute Schokolade, oder?

Nein, ich sehe das Ganze perspektivisch. Wenn man mir vor zehn Jahren erzählt hätte, dass wir in Deutschland bei allen Abstrichen, die man machen muss, und bei aller Kritik, die ich daran habe, ein Lieferkettengesetz haben, hätte ich das nicht für möglich gehalten.
Und wenn ich sehe, dass die EU sogar noch einige Schritte

weitergehen möchte mit den Vorschlägen, die sie zu einem EU-weiten Lieferkettengesetz macht, und dabei hoffentlich nicht ausgebremst wird, stehen wir vor erheblichen Fortschritten.

Ich sehe Fortschritte auch in vielen Anbauländern. Global gesehen ist Armut zurückgegangen, ist Kinderarbeit zurückgegangen, zumindest war es so vor der Coronakrise. Es ist ja nicht so, dass nichts passiert. Aber wir müssen die Dinge noch besser hinbekommen, und wir müssen sie beschleunigen.

Kannst du sie bitte noch einmal auflisten? Wir wollen am Schluss Hoffnung aufzeigen, Hoffnung für über 40 Millionen Menschen, die, so sagt die internationale Arbeitsorganisation, von moderner Sklaverei betroffen sind, Menschen, die in Afrika, Asien und Lateinamerika hart dafür arbeiten, dass wir hier leicht und preiswert konsumieren können.

Der größte Teil der Menschen, die unter modernen Formen der Sklaverei leiden, leidet – und das ist ein Unterschied zu früher – nicht ein Leben lang darunter, sondern für einen bestimmten Zeitraum, in dem sie ihre Schulden abbezahlen oder einen Vorschuss, den sie erhalten haben, abarbeiten müssen.

Sie arbeiten häufig in Lieferketten, in denen Beschäftigte generell sehr, sehr schlecht bezahlt werden. Wenn sie besser bezahlt würden, könnten sie die Gelder, die sie erhalten haben, früher abarbeiten. Das ist das Erste.

Das Zweite ist: Wenn die Regierungen in den Ländern, die am stärksten von moderner Sklaverei betroffen sind, ihre eigenen Gesetze stärker durchsetzen würden, hätten wir auch schon Verbesserungen. Denn verboten ist Sklaverei überall.

Dazu könnten hiesige Unternehmen beitragen, indem sie sagen: Wir wollen von unseren Lieferanten wissen, ob sie die Gesetze einhalten. Wir wollen wissen, wo unsere Rohstoffe herkommen, unser Kakao, unser Naturstein, und wir wollen Auskunft darüber erhalten, wie die Handelspartner die Menschen, die für sie arbeiten, bezahlen und behandeln.

Ich werde künftig derjenige sein, der in vielen Branchen nachfragt, wie sie das Lieferkettengesetz umsetzen.

Und was können wir tun? Jeder und jede einzelne von uns? Wir sind ja schließlich allesamt Konsumenten.

Ich selbst kaufe einen erheblichen Teil meiner Produkte in Bioqualität, weil die Menschen, die in diesem Sektor arbeiten, in der Regel besser bezahlt werden und die Produkte auf dem Weltmarkt höhere Preise erzielen. Regional und saisonal einzukaufen, ist auch gut, weil die Lieferketten kurz und übersichtlich sind.

Was richtig viel Druck ausübt, ist, eine Anfrage an ein Unternehmen zu stellen. Das ist eigentlich eine kleine Sache, erzeugt aber großen Druck. Ich kann zum Beispiel fragen, warum Produkte sehr billig angeboten werden. Und ob dahinter nicht vielleicht Zwangs- oder Kinderarbeit steckt.

Denn der Druck innerhalb der Unternehmen muss wachsen, und es muss auch klar werden, dass eine erhebliche Schicht der Käuferinnen und Käufer letzten Endes vielleicht die Entscheidung trifft, woanders hinzugehen oder ein anderes Produkt zu kaufen.

Siegel sind auch ein Hinweis, dass am Problem gearbeitet wird. Sie sind, wie gesagt, leider nicht ausreichend, aber bedeuten einen ersten Schritt.

Ich zitiere zum Abschluss einfach wörtlich den Artikel 4 aus der Allgemeinen Erklärung der Menschenrechte:

»Niemand darf in Sklaverei oder Leibeigenschaft gehalten werden; Sklaverei und Sklavenhandel sind in allen ihren Formen verboten.«

So klar. So eindeutig. Und doch unerreicht.

Friedel, ich danke dir für deine Gedanken.

9

Wie viel Angst müssen wir vor Seuchen haben, Marylyn Addo?

Pest, Cholera, die Pocken, die Spanische Grippe, Malaria, Aids, Ebola und natürlich die Coronavirus-Krankheit Covid-19. Historisch betrachtet sind Seuchenzeiten, das heißt Zeiten sich schnell verbreitender Infektionskrankheiten, eher der Normal- als der Ausnahmezustand. Seit es uns gibt, sind sie unsere tödlichen Begleiter. Weder Kriege noch Hungersnöte haben so viele Menschenleben gekostet wie Infektionskrankheiten. Als Art haben wir sie zwar bisher alle überlebt, aber jede Pandemie erschüttert Wirtschaft, Kultur und Handel in ihren Grundfesten. Ganze Imperien wurden in der Vergangenheit von unsichtbaren Viren dahingerafft. Die Menschlichkeit selbst wird im Angesicht von so viel Tod auf die Probe gestellt.

Wie jede Krise haben Seuchen eine zerstörerische Kraft, aber sie setzen auch schöpferische Kräfte frei. Not macht erfinderisch, und große Not hat eine zivilisationstreibende Funktion. Wir müssen mit Seuchen leben – solange sie uns nicht umbringen.

> Professor Dr. Marylyn Addo ist Fachärztin für Innere Medizin und Infektiologie. Am Universitätsklinikum Hamburg-Eppendorf leitet sie die Sektion Infektiologie und das Institut für Infektionsforschung und Impfstoffentwicklung, am Deutschen Zentrum für Infektionsforschung entwickelt sie im Forschungsbereich »Neu auftretende Infektionskrankheiten« Impfstoffe. Sie hat in Deutschland, Frankreich und Großbritannien studiert, an der Harvard Medical School in Boston gearbeitet und während des letzten Ebola-Ausbruchs in Afrika einen Infizierten nach Hamburg einfliegen lassen und ihn dort mit ihrem Team geheilt. Sie ist Fan der Hamburger Elbphilharmonie – und zwar nicht erst, seit dort auch Coronaimpfungen verabreicht werden.

2020 hast du den Medizinpreis »Medical Woman of the Year« für die Forschung an einem Impfstoff gegen den Covid-19-Erreger erhalten. Viel mehr geht nicht …

Das war schon besonders. Bei solchen Preisen ist man aber auch eine Art Postergirl und wird stellvertretend für viele Menschen ausgezeichnet, die sich in diesem Themengebiet engagiert haben. Auch hinter mir steht natürlich ein großes Team.

Und übrigens hat man mir von der Kommission gesagt, dass die Entscheidung, mir den Preis zu verleihen, fiel, bevor Corona kam, und dass es bei der Vergabe auch um die Entwicklung des Ebolaimpfstoffs ging.

Dieses Furcht einflößende Ebola, fast schon ein Synonym für tödliche Seuchen. Du hast 2016 einen Impfstoff gegen das Ebolavirus entwickelt, und dazu habt ihr etwas eigentlich Verrücktes getan: Ihr habt einen schwer kranken, hoch ansteckenden Ebolapatienten aus Sierra Leone nach Hamburg geflogen. Und dann konntet ihr ihn tatsächlich retten – und ein Vakzin herstellen. Damals standest du erstmals im Licht der Öffentlichkeit.

Und jetzt Corona. Forscherinnen wie du müssen plötzlich ständig Interviews geben. Was hat das mit deinem Leben gemacht?

Als wir damals den Ebolapatienten behandelten, haben mich die ganze Aufmerksamkeit, die Medien, die Öffentlichkeit ein bisschen wie ein Tsunami überrollt, weil ich so etwas überhaupt nicht gewohnt war und im Umgang damit auch keine Erfahrungen hatte.

Jetzt haben wir versucht – und das versuche ich eigentlich immer im Leben, auch in der Wissenschaft –, uns auf unser Kerngeschäft zu konzentrieren. Das bedeutet, uns ganz konkret zu fragen: Was ist unser Job? Und den dann gut zu machen.

Ich hatte allerdings zwei Jobs. Einmal den in der Patientenversorgung mit meinem Team, wo wir uns bemüht haben, die Patienten in der Klinik gut zu versorgen, und dann habe ich außerdem noch in der Coronavirus Task Force mitgearbeitet. Dort war die zentrale Frage, wie wir dieser Situation als Institution begegnen können.

Während das Homeoffice für viele Menschen zur Normalität wurde, waren wir weiterhin Tag für Tag in der Klinik und im

Labor. Und wir mussten besonders viel arbeiten und das auch noch wie unter einem Brennglas, durch das die ganze Gesellschaft schaut. Das war für das Team schon ein großer Druck.

Fangen wir einmal mit den Grundlagen an, und zwar mit den Begriffen, die wir inzwischen alle ständig hören. Epidemie, Endemie, Pandemie. Eine Epidemie ist eine zeitlich und örtlich begrenzte Krankheit, eine Endemie ist zwar räumlich begrenzt, aber zeitlich nicht, und eine Pandemie schließlich ist zeitlich begrenzt, breitet sich aber weltweit aus, so wie Covid-19. Darüber hinaus müssen wir natürlich darüber reden, woher Krankheiten dieser Art eigentlich kommen.

Ich glaube schon, dass der Mensch einen großen Beitrag zum Entstehen solcher Krankheiten leistet. Oder sagen wir so, es ist vielleicht eher »the way we live«, der Krankheiten dieser Art begünstigt. Wir roden den Regenwald. Wir rücken immer näher an tierische Reservoire heran und ermöglichen so auch den Speziesübersprung.

Das müssen wir kurz erklären.

Beim Speziesübersprung überwindet ein Krankheitserreger die Artengrenze, springt also von einem Tier auf einen Menschen über oder umgekehrt. Die Infektionskrankheiten, die von Tieren auf Menschen übertragen werden, nennt man Zoonosen. Die meisten davon können nicht von Mensch zu Mensch weitergegeben werden; wer etwa von einer Zecke mit Borreliose infiziert wird, erkrankt zwar selbst, kann die Krankheit aber nicht weiter übertragen. Einige Zoonosen allerdings sind auch innerhalb der menschlichen Population ansteckend. Ein Beispiel dafür ist Ebola.

Der Ebolaausbruch der Jahre 2014/2015 konnte bis zu einem Jungen zurückverfolgt werden, der in Guinea beim Spielen im Wald mit Bulldoggfledermäusen in Kontakt gekommen war. Er infizierte zunächst die Einwohner seines Dorfes, danach breitete sich das Virus rasend schnell aus und tötete mehr als 11 000 Menschen.

Die Weltorganisation für Tiergesundheit (World Organisation for Animal Health, abgekürzt OIE nach der Vorgängerorganisation Office International des Epizooties) schätzt, dass 60 Prozent aller beim Menschen existierenden Infektionskrankheiten Zoonosen sind. Die meisten davon springen nicht von Haus- oder Nutz-, sondern von Wildtieren über.

Das Problem dabei: Zoonosen nehmen zu, sie werden häufiger. Und daran sind wir Menschen offenbar nicht ganz unbeteiligt. Schauen wir genauer hin: Was hat unsere Art zu leben – »the way we live«, wie du eben sagtest – mit Krankheiten wie Ebola zu tun?

Es ist zum Beispiel so, dass immer mehr Menschen in Ballungszentren leben. Die Krankheit Ebola gab es schon viele, viele Jahre vor dem großen Ausbruch 2014/2015, aber die vorherigen Ausbrüche waren immer klein, blieben lokal begrenzt. Der größte vor dem letzten Ausbruch in Westafrika betraf zwischen 400 und 600 Patienten, und das Virus ist damals nicht in eine Metropole vorgedrungen. Ballungsräume sind also ein Problem.

Außerdem glaube ich, dass unser Umgang mit der Welt und unser Umgang mit der Natur auf verschiedenen Ebenen ebenfalls eine Rolle spielen.

Das hast du jetzt aber sehr vorsichtig formuliert. Ich sage es mal direkter: Wenn wir uns die einfache Frage stellen, wo denn eigentlich ein Erreger von einer Fledermaus oder einem Gürteltier auf einen Menschen überspringen kann, dann passiert das ja nicht in unseren Wohnzimmern oder im Einkaufszentrum. Ein sehr wahrscheinlicher Ort dafür ist das Ende einer Regenwaldpiste, wo Holzfäller oder Jäger und Wilderer in den Lebensraum von Wildtieren eindringen, die vorher keinen Kontakt zu Menschen hatten. Vielleicht erfolgt der Speziesübersprung auch in einem Stall für Massentierhaltung oder auf einem sogenannten *wet market*, einem Markt für lebende oder frisch geschlachtete Tiere, wie es möglicherweise bei Corona in China der Fall war. Wir können es doch klar benennen: Naturzerstörung triggert Seuchen.

Ja, da bin ich total bei dir. Genau diese Beispiele hätte ich auch genannt: Dass die erste Übertragung bei jemandem stattfindet, der an einer Piste im Regenwald Flughunde verkauft. Oder auf einem wet market. *Da haben wir so viele Spezies nebeneinander, die normalerweise nicht zusammenkommen, zum Beispiel Huhn und Schwein und Gürteltier.*

De facto gibt es Millionen Viren, die bereits identifiziert wurden, und von denen können über 600 000 potenziell eine Erkrankung im Menschen auslösen.

600 000? Da muss uns doch angst und bange werden. Kannst du einschätzen, wie viele dieser Viren das Zeug haben, richtig verheerend für die Menschen zu werden?

Es gab im vergangenen Jahr einen internationalen Workshop der Intergovernmental Science-Policy Platform on Biodiversity and Ecosystem Services, kurz IPBES, zum Thema »Biodiversity in Pandemics«. Da kamen 40 Expertinnen und Experten aus verschiedenen Disziplinen zusammen und haben sich mit dem Thema Zoonosen beschäftigt. Sie sagen, dass es noch ungefähr 1,7 Millionen unentdeckte Viren gibt.

1,7 Millionen weitere Viren, die darauf lauern, auf uns überzuspringen? Und da sind Bakterien oder Pilze noch gar nicht dabei?

Ja, genau. Dazu muss man aber sagen, dass Bakterien und Pilze nicht das epidemische Potenzial von Viren haben. Da muss man ganz klar unterscheiden. Wir hatten zwar einmal einen Ausbruch der durch das E.-coli-Bakterium verursachten Darminfektionen, aber die Ursache dieser Infektionen war im Grunde genommen, dass Lebensmittel nicht vernünftig gewaschen worden waren. Das ist etwas ganz anderes als die Erkrankung durch Viren. Es gibt eine Liste der Weltgesundheitsorganisation WHO, auf der die Erreger stehen, die in Zukunft Pandemien auslösen könnten. Sie enthält nur virale Erkrankungen.

Es sind also die Viren, vor denen wir Angst haben müssen. 1,7 Millionen, sagtest du.

Richtig. Und dann wird geschätzt, dass von diesen Viren 630 000 bis 830 000 das Potenzial haben könnten, Menschen zu infizieren. Das ist eine Zahl, die Angst machen kann. Aber wir dürfen nicht vergessen, dass diese Viren zunächst einmal einen Weg finden müssen, auf den Menschen überzuspringen.

Aber bei 600 000 bis 800 000 Viren gibt es doch wahrscheinlich auch ein paar, die wirklich böse sein können, oder?

Ja, aber das ist jetzt Spekulation. Natürlich ist die Wahrscheinlichkeit da. Und wir müssen auch festhalten, dass wir, allein was die Gruppe der Coronaviren betrifft, in weniger als 20 Jahren drei große Ausbrüche erlebt haben. 2002/2003 hatten wir die SARS-Pandemie, also einen Ausbruch des severe acute respiratory syndrome, *dessen Erreger mittlerweile als SARS-CoV-1, als SARS-assoziiertes Coronavirus-1, bezeichnet wird. 2012 dann MERS, das* Middle East respiratory syndrome *mit dem MERS-CoV, also dem MERS-Coronavirus als Erreger. Das habe ich damals mit Angst – oder nein, Angst hat man nicht –, eher mit Sorge beobachtet und gedacht, dass das passieren könnte, was dann 2019 passiert ist. Als SARS-CoV-2 kam, also das SARS-Coronavirus-2.*

Warum treten Zoonosen immer häufiger auf?

Da müssen wir jetzt über das Klima sprechen. Die Tatsache, dass sich die Erde immer mehr erwärmt, hat zum Beispiel zur Folge, dass sich Mückenpopulationen an Orten etabliert haben, wo sie vorher nicht waren. Und manche der Zoonosen werden von Mücken übertragen.

Wir hatten zum Beispiel in den letzten Jahren auch in Deutschland einen kleinen Ausbruch des West-Nil-Virus. Meine Kolleginnen und Kollegen aus dem Bernhard-Nocht-Institut für Tropenmedizin in Hamburg haben über Jahre genau verfolgt, wie die Mückenpopulationen, die das Virus übertragen, aus dem mediterranen Raum immer weiter in den Norden gewandert sind. Auch weil es im Norden zunehmend wärmer wird. Die durch Mücken übertragenen Erkrankungen dürfen wir auch nicht vergessen, wenn wir über Seuchen sprechen. Etwa Chikungunya oder Zika, das war ja erst vor Kurzem ...

2014 und 2015, und es waren damals große Meldungen. Das Thema ist dann wieder völlig untergegangen.

Ja, genau, es ist schon fast wieder aus dem kollektiven Gedächtnis verschwunden. Und das ist ein weiteres großes Problem, diese fahrlässige Vergesslichkeit. Dabei sind das total wichtige Erkrankungen, denn sie zeigen uns, wie vernetzt wir als Menschen leben. Und dass wir das Klima und die Umwelt mit einbeziehen müssen, um die Gefahr von Seuchenausbrüchen einzudämmen. Wir müssen da auf einen vernünftigen Kurs kommen.

Was ist denn die Ursache dafür, dass wir diese Zusammenhänge aus den Augen verloren haben? Hat es in der Wissenschaft zu sehr ein Kastendenken gegeben im Sinne von: Die Medizinerinnen beschäftigen sich nur mit Medizin, die Ökologen nur mit Ökologie? Brauchen wir einen ganzheitlicheren Blick auf die Erde und ihre Natursysteme, damit wir uns künftig vor Krankheiten besser schützen können?

Ja, und ich glaube, dass das Verständnis dafür größer geworden ist. Es gibt bereits entsprechende Initiativen, zum Beispiel die One Health Initiative, die die Zusammenhänge zwischen Menschen, Tieren, Pflanzen und ihrer gemeinsamen Umwelt berücksichtigt. Dieses Zoonosen-Netzwerk verfolgt schon länger einen interdisziplinären Ansatz. Das ist, glaube ich, ein ganz wichtiger Faktor. Und sicher ist es auch so gewesen, dass wir zu sehr in unseren Elfenbeintürmen gearbeitet und dabei den Gesamtzusammenhang aus den Augen verloren haben. Aber ich denke, es ist inzwischen erkannt, dass man interdisziplinär herangehen und das Ganze anschauen muss.

Halten wir an dieser Stelle fest: Naturzerstörung begünstigt die Ausbreitung von Seuchen. Oder andersrum: Umweltschutz ist Seuchenschutz.
  Du hast vorhin die Ballungsräume erwähnt, ich möchte die Globalisierung hinzufügen. Die Pest hat sich, wenn ich es richtig erinnere, mit einer Geschwindigkeit von vielleicht 60, 70 Kilometern pro Tag ausgebreitet. Weil Menschen damals einfach nicht viel schneller reisen konnten. Heute überwinden wir an einem einzigen Tag ganze Kontinente und Ozeane. Alles breitet sich rasend schnell aus. So schnell, dass wir für Pandemien keine Barrieren errichten können.

Die Globalisierung gibt es eben nicht umsonst. Unsere Waren kommen von überallher. Wir können reisen. Wir sind einfach total eng beieinander, und das begünstigt vor allem respiratorische Erreger, das heißt Erreger, die über Tröpfcheninfektion, über Speichel oder Aerosole übertragen werden. Das sehen wir jetzt gerade. Krankheiten wie Grippe oder Covid-19 werden über die Atemluft verbreitet. Und wenn man sich ins Flugzeug setzt, sind diese Krankheiten sofort bei uns.

Solche Erreger kennen im Grunde keine Grenzen, insofern müssen wir sie und die Krankheiten, die sie auslösen, als ein globales Problem betrachten, das wir global angehen.

Seuchen, also Pandemien, sind automatisch ein Menschheitsproblem. Und sie waren ja nicht nur Katastrophen, die kamen und gingen, sondern sie haben Spuren hinterlassen, die Welt verändert, Geschichte geschrieben. Tatsächlich gibt es immer wieder ähnliche Reaktionsmuster und Wirkungen, die Seuchen in Gesellschaften auslösen. Krisen legen gesellschaftliche Probleme offen, das gilt für Rassismus genauso wie für Impfgegnerschaft, die sich aus einem grundsätzlichen Misstrauen gegenüber den Institutionen des Staates speisen.

Die Antidiskriminierungsstelle des Bundes (ADS) sieht in der Pandemie einen Grund für verstärkte Benachteiligungen und Ausgrenzungen. 2020 wurden 6583 Fälle von entsprechender Diskriminierung registriert. Ein Jahr zuvor betrug die Gesamtzahl der Fälle noch 3580. Einen so starken Anstieg innerhalb von zwölf Monaten hat es zuvor noch nie gegeben. 1904 der aktuellen Fälle stehen laut ADS in direktem Zusammenhang mit Corona. Zu Beginn der Covid-19-Pandemie wurden insbesondere Menschen mit asiatischem Familienhintergrund Opfer von Anfeindungen. Weltweit.

Die Angst vor Ansteckung, Unwissenheit und Stress beförderten schon immer Vorurteile und Rassismus. Während der Pest im Mittelalter wurden völlig grundlos Juden als »Brunnenvergifter« für den Ausbruch der Seuche verantwortlich gemacht. Mitte des 19. Jahrhunderts gab man im amerikanischen Süden irischen und deutschen Einwanderern die Schuld am Gelbfieber, das in Wahrheit von Mücken übertragen wird. 2020 sprach der damalige US-Präsident Trump statt vom Corona- vom »China-Virus«. Politiker wie der ungarische Präsident Orbán und der ehemalige italienische Innenminister Salvini verdächtigten Migranten und Migrantinnen, das Coronavirus zu verbreiten.

Ähnlich absurde Züge trägt bisweilen die Geschichte der Impfskeptiker. Schon unmittelbar nachdem Edward Jenner Ende des 18. Jahrhunderts mit der Pockenimpfung die moderne Impfmedizin begründet hatte, regte sich Widerstand. Weil sein Vakzin aus Kuhpocken hervorgegangen war, befürchteten manche, die Impfung könne sie in Kühe verwandeln. Je stärker die Zahl der Pockenerkrankungen zurückging, desto größer wurde die Zahl der Impfskeptiker – wahrscheinlich, weil die Bedrohung durch die Krankheit nicht mehr so offensichtlich war.

Das erste Land, das 1807 eine Impfpflicht zur Bekämpfung der Pocken erließ, war übrigens Bayern. Als nach der Gründung des Deutschen Reichs 1871 eine schwere Pockenepidemie ausbrach, folgte eine deutschlandweite Verpflichtung zur Immunisierung. Bereits im Kaiserreich hatten sich 300 000 Menschen in Impfgegnervereinen organisiert. Sie waren sozial ähnlich divers wie die heutigen Impfgegner, das Spektrum reichte schon damals von der Anthroposophie bis zum Rechtsextremismus.

Marylyn Addo

Ihr Forschenden musstet während der Coronapandemie, du hast es eingangs erwähnt, quasi im Scheinwerferlicht arbeiten. Dass dabei der völlig normale wissenschaftliche Disput in der Öffentlichkeit stattfand, hat manchmal zu Verwirrung geführt, mitunter sogar der Glaubwürdigkeit der Forschung geschadet. Was ist in der Kommunikation zwischen Wissenschaft einerseits und Politik und Medien andererseits falsch gelaufen?

Da gab es, glaube ich, eine sehr steile Lernkurve. Gerade in der Anfangszeit der Pandemie war mein Eindruck, dass die Grenzen zwischen Wissenschaft und Politik verwischt wurden. Was kann Wissenschaft? Was soll Wissenschaft machen? Und was andererseits die Politik? Die Grenzen, die diese Fragen aufzeigen, wurden nicht klar gezogen. Und die Debatte war sehr personalisiert. Hinzu kam, dass viel in den Social Media veröffentlicht wurde, wo nicht immer klar ist, wie belastbar die dort genannten Fakten wirklich sind.

Und wenn sich dann auch noch die Expertinnen und Experten öffentlich gebattelt haben oder es widersprüchliche Standpunkte und vielleicht auch durch die Medien getriebene Konfrontationen gab, waren wir in einer Situation, die noch mehr Angst und Verunsicherung in der Gesellschaft erzeugt hat. Und das ist nicht hilfreich gewesen. Da müssen wir alle noch mal ran.

Was unglaublich schade ist, weil das Tempo, mit dem die Impfstoffe entwickelt wurden, ein Grund für kollektive Dankbarkeit sein sollte. Das ist schließlich einer der größten wissenschaftlichen Erfolge in der Medizingeschichte. Wie war diese schnelle Entwicklung überhaupt möglich?

Es betrübt mich sehr, dass die Diskussion, die wir zurzeit in der Gesellschaft über die neuen Impfstoffe und Impfstoffe überhaupt führen, sehr, sehr negativ besetzt ist, und das eigentlich zu Unrecht. Denn darüber geht völlig verloren, dass dies eine großartige Leistung ist. Es gelang so schnell, weil viele, viele Jahre Forschung vorausgegangen waren, auf die wir zurückgreifen konnten. Das ging in der öffentlichen Debatte leider oft unter. Wir hatten einfach Glück, dass wir die Ernte zu genau diesem Zeitpunkt einbringen konnten. Covid-19 kam, als die Forschung bereit war.

Das ist unter anderem auch eine Folge von Ebola. Danach gab es international den Konsens, dass wir nie mehr in eine Situation kommen dürfen, in der wir einer gefährlichen Krankheit ohne Impfstoffe und auch ohne Medikamente gegenüberstehen. Deshalb hat die Weltgesundheitsorganisation WHO prophylaktisch gesagt: Wir müssen ein Expertengremium zusammentrommeln, das uns darüber informiert, welche Erreger in den nächsten zehn Jahren Epidemien oder Pandemien auslösen können. Auf dieser Liste standen dann das Ebola-, das Marburg-, das Krim-Kongo-Fieber-Virus und eben auch die SARS-, MERS- und die anderen hochpathogenen Coronaviren. Das war 2016. Daraufhin hat man begonnen, Impfstoffplattformen zu entwickeln ...

Zur Erklärung: Impfstoffplattformen sind entschärfte Viren, die bereits als Impfstoffbasis im Einsatz sind und bei Auftreten neuer Erreger schnell an diese angepasst werden können.

... und es gab eine Organisation, die CEPI, die Coalition for Epidemic Preparedness Innovations, die dafür gesorgt hat, Impfstoffe

für diese Erreger auf den Weg zu bringen, und zwar prophylaktisch.

Auf den Impfstoffplattformen hat dann letztlich die Impfstoffentwicklung gegen Covid-19 aufgebaut. Und insbesondere auf der mRNA-Technologie, die jetzt neu dazugekommen ist. Diese Technologie wurde ursprünglich für die Krebsforschung entwickelt. Es war also die so wichtige Grundlagenforschung, der wir die schnelle Entwicklung der Coronaimpfstoffe verdanken, denn die Technologie dafür ist schon Jahre zuvor entwickelt worden.

Man kann deswegen überhaupt nicht davon sprechen, dass die Impfstoffentwicklung viel, viel zu schnell gegangen sei, was Impfskeptiker ja manchmal behaupten. Es waren einfach bereits viele, viele Entwicklungen fortgeschritten, auf die dann zurückgegriffen werden konnte. Deswegen ging alles so schnell.

Und auch die Regulatoren, etwa die Behörden, haben mitgearbeitet. Es gab mehr Geld. Die CEPI zum Beispiel hat den Firmen und den wissenschaftlichen Konsortien sehr früh Geld zur Verfügung gestellt und gesagt: So, bitte schön, ihr könnt jetzt loslegen. Und der ganze regulatorische Prozess wurde beschleunigt, etwa durch das sogenannte Rolling-Review-Verfahren, das besagt, dass die Bewertung von Datenpaketen zur Entwicklung eines Impfstoffs bereits begonnen wird, bevor alle erforderlichen Daten für einen Zulassungsantrag erhoben sind.

Deshalb wurden die Impfstoffe so schnell zugelassen, sonst dauert es ja oft Jahre. Das Klischee, die Wissenschaft hat gewarnt, die Politik aber nichts unternommen, stimmt demnach gar nicht? Das ist ja auch mal schön zu hören.

Wissenschaft und Politik waren also auf eine neue Pandemie eigentlich ganz gut vorbereitet. Und deshalb konnte viel Leid verhindert, konnten viele Leben gerettet werden, richtig?

Genau. Wenn wir uns zum Beispiel die G-20-Gipfel ansehen, standen dort immer Themen wie Antibiotikaresistenz und Emerging Infections, das heißt potenzielle Pan- und Epidemien, auf der Agenda, wirklich immer. Auch beim letzten Gipfel in Hamburg. Das wird schon lange politisch diskutiert. Ich glaube schon, dass da gut vorgearbeitet wurde.

Eine moderne Gesellschaft wie die unsere reagiert völlig anders auf Seuchen als etwa jene im Mittelalter auf die Pest. Damals haben sich Gesellschaften in der Not manchmal barbarisiert, die Gesellschaft hat sich ent-menschlicht. Mir scheint es, zum Glück, heute umgekehrt zu sein. Wir als Gesellschaft, vielleicht sogar als globale Gesellschaft, sagen: Wir verzichten zum Schutz der Schwächsten, der Älteren, der Vorerkrankten, derjenigen, die am schwersten getroffen werden könnten, auf einige unserer Freiheiten, auf Geld, auf unser gewohntes Leben. Wir solidarisieren uns. So viel Solidarität und Rücksichtnahme ist, glaube ich, ohne Vorbild in der Geschichte.

Ich denke, dass Extremsituationen wie die Covid-19-Pandemie ein Stresstest für eine Gesellschaft sind. Für mich hat sich gezeigt, dass solche Situationen das Beste und das Schlechteste in einer Gesellschaft hervorbringen.
Was du eben genannt hast – dass wir als Gesellschaft auf so vieles verzichten –, ist sicherlich eine Sache, die unter die »gute

Seite« subsummiert werden kann. Dazu gehören auch die Solidaritätsbezeugungen für die Menschen, die in den Kliniken arbeiten. Und ja, ich muss auch sagen, hätte mir jemand im November 2019 gesagt, dass wir ab 2020 alle Masken tragen, hätte ich das nicht geglaubt.

Das ist doch etwas Positives, das wir festhalten und herausstreichen sollten, nämlich dass wir aus den Epidemien der vergangenen Jahre und Jahrzehnte offensichtlich gelernt haben.

Auf jeden Fall. Ich glaube, in diesen Herausforderungen stecken immer Chancen, und die sollten wir ergreifen. Jenseits von Wissenschaft und Digitalisierung hat uns das Thema Klima sicher auch in diese Richtung wachgerüttelt. Insofern hoffe ich, dass wir diese Chancen ergreifen und dass sich das kollektive Vergessen nicht so schnell einstellt.

Dieses kollektive Vergessen ist ein wichtiger Punkt. Lass uns dazu noch einmal in die Geschichte schauen.

»The forgotten pandemic«, so hat der Historiker Alfred Crosby die Spanische Grippe genannt. Wir erwähnen sie zwar im Zusammenhang mit Corona recht häufig, aber das liegt möglicherweise daran, dass es sich bei beiden Krankheiten um Atemwegserkrankungen handelt, die in Wellen auftraten beziehungsweise auftreten und innerhalb von Monaten zu globalen Pandemien wurden. Die Spanische Grippe war äußerst tödlich, während des Ersten Weltkrieges starben an ihr zwischen 20 und 100 Millionen Menschen. Sie zählt damit zu den tödlichsten Seuchen der Geschichte.

Die Medizinhistorikerin Martina King erläutert, die Seuche sei dennoch bereits teilweise in Vergessenheit geraten, während sie noch grassierte. Etwa weil der Tod im Krankenbett als weniger ehrenhaft angesehen wurde als der Tod auf dem Schlachtfeld. Sie zieht beim kollektiven Verdrängen und Vergessen Parallelen zu Corona und warnt, dass trotz all der Ermahnungen von Virologen, Epidemiologinnen, Klinikern oder Intensivmedizinerinnen, Vorkehrungen für die nächste Infektionswelle zu treffen, zu wenig passiert, sobald die Fallzahlen kurzfristig zurückgehen.

Den Punkt, dass wir Seuchen vergessen, während sie noch präsent sind, hast du schon in Bezug auf Ebola und Zika erwähnt. Ein anderes Beispiel ist Aids. Wir müssen uns vor Augen halten, dass weltweit jedes Jahr immer noch Millionen von Menschen an Infektionskrankheiten sterben, die eigentlich behandelbar sind, vor allem an Tuberkulose, an Aids oder an Malaria. Und aktuell eben auch an Covid-19.

Ich bin ja keine Psychologin, aber wahrscheinlich ist das Vergessen etwas, auf das wir gepolt sind. Es passieren schreckliche Dinge, die packen wir irgendwohin, an einen versteckten Ort in unserer Seele, und dann geht es weiter. Und gerade heute muss man ja sagen, dass eine furchtbare Nachricht meist die nächste jagt. Krise folgt auf Krise.

Auch deswegen haben wir damals wahrscheinlich keinen Impf-

stoff gegen SARS entwickelt. SARS kam, es gab eine große Aufregung, es floss viel Geld. Dann aber hat es kein einziges Produkt bis zur Marktreife geschafft, weil unter anderem die Aufmerksamkeit der Medien und die finanzielle Unterstützung abnahmen und die Projekte schlussendlich gestoppt wurden.

Covid-19 war und ist dagegen solch ein einschneidendes und anhaltendes Ereignis, und ich hoffe, dass es unseren Alarmzustand so hochhält, dass wir weitermachen, dass wir dranbleiben. Wir werden sicher irgendwann in einen postpandemischen Zustand eintreten, dürfen dann aber nicht vergessen, dass das Thema weiterhin aktuell ist. Damit wir beim nächsten Mal, sei es in zehn, 20 oder hoffentlich 100 Jahren, besser dastehen. Das ist wichtig.

Die Frage ist nicht, *ob* die nächste Pandemie kommt, sondern *wann* sie kommt, oder?

Ja, ich habe das ja auch schon kurz erwähnt. Nach der Pandemie ist vor der Pandemie oder zumindest vor der Epidemie. Das ist, glaube ich, keine Frage, da haben wir in den letzten Jahren einfach zu viel gesehen. Man kann es sogar wissenschaftlich quantifizieren, dass es mehr geworden sind.

Dass es eine Pandemie diesen Ausmaßes bald noch einmal geben wird, hoffen wir alle nicht, aber sicher wissen wir es nicht. Vom Ausmaß her würde ich sagen, dass dies jetzt die erste große Pandemie nach der Spanischen Grippe war. Es gab noch große Grippewellen in den 1960er- und 1970er-Jahren, aber niemals mit dem Effekt, dass die ganze Welt zum Stillstand kam.

Am schönsten wäre es, wenn wir sagen könnten, das gibt es

nie wieder. Das glaube ich jedoch nicht. Aber vielleicht dauert es auch wieder 100 Jahre – doch dann sollten wir in spätestens 90 Jahren noch besser vorbereitet sein und andere Mittel zur Verfügung haben. Und vielleicht auch Gesellschaftliches aufgearbeitet haben: Was hat gut funktioniert in dieser Zeit? Das wäre die Frage, die wir uns stellen müssen.

In Deutschland und auch in vielen anderen Ländern wurden teilweise große Fehler beim Umgang mit der Pandemie gemacht. Die weltweite Verteilung von Impfstoffen zum Beispiel ist bis heute ein ungelöstes Problem, die Impfquoten in den armen Ländern sind frustrierend gering. Bei uns dagegen haben wir elaborierte Fürsorge- und Sozialstaaten, und die Idee des Gemeinwohls ist für die große Mehrheit so selbstverständlich, dass wir manchmal gar nicht spüren, was wir ihr alles verdanken: im Prinzip kostenlosen Impfstoff für alle, ärztliche Versorgung für alle, Intensivbehandlung, wenn es sein muss. Auch finanzielle Hilfen für die coronabedingten Einbußen. So etwas hat es in der Geschichte der Seuchen noch nie gegeben.

Ich denke, wie gesagt, dass solche Vorkommnisse, so schrecklich sie sind, eigentlich immer auch eine Chance bieten. Das Beispiel Cholera zeigt sehr deutlich, was diese bittere Zeit an wirklichen Innovationen und Veränderungen nach sich gezogen hat.

Wir dürfen nicht vergessen: Was genau Covid-19 nach sich ziehen wird, haben wir also auch selbst in der Hand.

Marylyn, vielen Dank für deine Gedanken.

10

Wann ist der Mensch ein Mensch, Johannes Krause?

Ein nackter Affe, der Gedichte schreibt, das ist seltsam. Seit etwa vier Milliarden Jahren gibt es Leben auf der Erde, und in diesen Äonen hat die Evolution unzählige kuriose Kreaturen hervorgebracht, von fliegenden Sauriern über tonnenschwere Riesenfaultiere, unkaputtbare Bärtierchen bis hin zum trumpesken Blobfisch. Aber ein Zweibeiner, der Bratsche und Basketball spielt, Atome und Genome spaltet, auf dem Mond herumspaziert und über die falsche Neun beim Fußball diskutiert? Wir sind nicht einfach nur eine von zig Millionen Arten auf der Erde. Wir sind anders. Irgendwie.

Unsere Physis ist eher unterdurchschnittlich, wir sind weder besonders stark noch schnell, wir können nicht fliegen, auch nicht anständig schwimmen oder klettern. Wir sind nur eine Art aus der Ordnung der Primaten in der Familie der Menschenaffen und der Gattung *Homo* und damit eine von ungefähr 6000 Säugetierarten. Ein Trockennasenaffe, zerrissen zwischen Instinkt und Intellekt, zwischen animalischen und seelischen Bedürfnissen. Wir sind überfordert von der eigenen Existenz, halb Körper, halb Geist und ganz verwirrt von der Möglichkeit, uns selbst infrage zu stellen und mit unserer Endlichkeit umzugehen. Was ist ein Mensch? Die Antworten aus Religion und Philosophie sind bestenfalls, nun ja, Ansichtssache. Aber vielleicht kann die Naturwissenschaft uns helfen, vielleicht gibt es ja so etwas wie ein Menschen-Gen, das uns zu dem macht, was wir sind.

> Johannes Krause ist Biochemiker, Gründungsdirektor des Max-Planck-Instituts für Menschheitsgeschichte in Jena und seit 2020 Direktor am Max-Planck-Institut für evolutionäre Anthropologie in Leipzig. Daneben ist er in Leipzig Professor für Archäogenetik. Die Sequenzierung und Analyse von alter bis sehr alter DNA ist sein Spezialgebiet. Er hat an der Entschlüsselung des Neandertaler-Erbguts mitgewirkt, das ihnen und uns gemeinsame Sprachgen FOXP2 gefunden, die Herkunft von Pest und Lepra durch Erbgutuntersuchungen erhellt, die Ausbreitung unserer Art über den gesamten Globus genetisch rekonstruiert und eine neue Menschenform, den Denisovaner, erstmals nachgewiesen. Zwischendurch tanzt er gerne Tango.

Wann ist der Mensch ein Mensch, Johannes? Ist das zu viel gefragt?

Johannes Krause

Also, das klingt ein bisschen nach meinem Lebensthema, zumindest wissenschaftlich. An dem haben wir ja sehr viel geforscht, es ist quasi das Thema unseres Institutes.

Platon meinte, der Mensch sei ein Geschöpf auf zwei Beinen ohne Federn.

Sicherlich ist der Mensch etwas komplexer. Der Mensch ist eigentlich ein unglaublich spannendes Lebewesen. Weil wir eine Spezies sind, die sich in sehr kurzer Zeit sehr schnell ausgebreitet hat. Wir können davon ausgehen, dass wir vor 10 000 Jahren wahrscheinlich nur wenige Millionen Menschen waren, ein bis zwei Millionen, und vor 100 000 bis 200 000 Jahren haben wahrscheinlich sogar nur 10 000 Menschen auf der Erde gelebt.

Von 10 000 auf acht Milliarden in so kurzer Zeit, ich weiß gar nicht, ob es ein anderes Beispiel für eine Säugetierart gibt, die sich so schnell ausgebreitet hat. Wir haben es in dieser Zeit ja auch geschafft, einen Großteil der restlichen Fauna, der anderen Tiere dieser Welt, zu verdrängen.

Aber wir haben das nicht mit Krallen und Zähnen und besonders hoher Körperleistung geschafft, sondern wir haben ein Gehirn entwickelt, das unglaublich groß und leistungsfähig ist im Vergleich zu dem aller anderen Affen und Tiere dieses Planeten. Das hat seinen Preis: Unser Gehirn verbraucht ungefähr 20 Prozent unserer Energie bei nur ungefähr 2 Prozent des Gewichts.

Es ist ein sehr teures Organ, das unbeschreiblich viel Energie beansprucht. Aber es hat uns befähigt, Kultur zu entwickeln, Technologien zu entwickeln, eine Zivilisation aufzubauen, in der wir heute leben, mit Computern und Flugzeugen und Autos und

Raumfahrt und was nicht noch alles. All das existiert dank dieses großen Gehirns. Es zeichnet uns aus.

Das große Gehirn hat sich im Lauf der Jahrtausende immer weiter ausgeformt, und damit wurde der Mensch zum mächtigsten Säugetier der Erde. Es gibt die These, unser Gehirn habe sich deshalb so entwickeln können, weil unsere Vorfahren in Afrika sich aufrichteten, Zweibeiner wurden und auf diese Weise die Hände frei hatten, mit denen sie dann Werkzeuge herstellten. Was haben die Hände mit dem Gehirn zu tun?

Was man zunächst einmal braucht, wie du schon sagst, ist das Körperteil, mit dem sich Werkzeug erschaffen lässt. Der Löwe hat keine Finger, der kann kein Werkzeug herstellen. Aber der Vogel hat den Schnabel, der Oktopus seine Tentakeln. Die Menschenaffen haben zwar Finger, aber keinen so schönen Daumen wie wir, einen Klemmdaumen, beim Schimpansen ist der Daumen ja direkt neben den Fingern, damit können sie nicht eine so schöne Klemme wie wir bilden.

Was dann noch hinzu kommt, ist eine gewisse Intelligenz, eine gewisse Größe des Gehirns und eine gewisse Kulturfähigkeit. Zwar werden auch Schimpansen nicht mit der Fähigkeit geboren, mit Steinen Nüsse zu knacken, aber sie können das von ihren Eltern lernen, sie besitzen also einen Grad von Kulturfähigkeit. Nur wir haben noch mehr davon.

Kultur ist hier das Stichwort. Die Fähigkeit, Erlerntes, Erprobtes weiterzugeben an die nächste Generation, die besitzen auch Tiere. Schimpansen vor allem, aber auch Gorillas, Krähen, Oktopusse oder Orcas. In Argentinien gibt es eine Orca-Population, dort surfen die Tiere mit den Wellen bis auf den Strand, schnappen sich eine Robbe und lassen sich danach von der nächsten Welle wieder zurück ins Meer ziehen. Eine komplizierte Jagdtechnik, die nur diese eine Population beherrscht – und die Alten bringen sie den Jungen bei. Das ist Kultur, rudimentäre Kultur. Aber bei uns ist da doch viel mehr, die Kultur ist unsere Natur geworden, wir entwickeln uns nicht mehr so sehr biologisch-genetisch, sondern hauptsächlich kulturell.

Absolut. Unsere Biologie hat sich in den letzten 200 000 Jahren eigentlich kaum noch verändert. Aber wir haben uns natürlich trotzdem weiterentwickelt.

Wir haben uns an Umweltbedingungen angepasst, wie an das Leben im Gebirge, in der Arktis, in der Sahara. Und wenn wir ins 21., 20., 19. Jahrhundert schauen, dann haben wir es mithilfe der Medizin, die auch eine Kulturleistung ist, geschafft, Probleme zu meistern, die wir unter Umständen haben, Defizite wettzumachen, die in unserer Biologie liegen. Wir können unsere Umwelt und Gesundheit modifizieren.

Es gibt eigentlich kein anderes Beispiel für ein Tier, das in so vielen unterschiedlichen Lebensräumen auf der Welt existiert und so erfolgreich ist wie der Mensch. Wir sind wirklich eine Ausnahme in der Evolution und im Tierreich. Und es ist die Kultur, die Kulturfähigkeit, die uns das ermöglicht hat.

Gut, das ist ein Hinweis auf das Wesen des Menschen: Kulturfähigkeit. Die allein kann es aber nicht sein, denn, wie gesagt, darüber verfügen auch einige Tierarten. Aber diese können eine Fertigkeit nur vormachen, nicht erklären. Wie wichtig ist Sprache für die Menschwerdung?

Eine solch komplexe Sprache wie der Mensch hat kein anderes Tier. Bei einigen gibt es sicherlich auch Lautäußerungen, auch komplexe Lautäußerungen, etwa bei Walen …

… Orcas können sich gegenseitig individuelle Namen geben. Sie haben sogar Dialekte, das ist wirklich komplex …

… aber eben bei Weitem nicht so komplex wie unsere Sprache, die uns mit Hunderttausenden Begriffen ermöglicht, eigentlich alles, alle Erfahrungen und Sinneseindrücke, an die nächste Generation weiterzugeben. Das erlernte Wissen häuft sich so über Generationen an. Und das ist eine Eigenschaft, die alle Menschen gemeinsam haben. Obwohl die menschlichen Populationen vor über 150 000 Jahren begannen, sich voneinander aufzuspalten, finden sich die gleiche Kulturfähigkeit und die gleiche komplexe Sprachfähigkeit in allen Menschen dieser Welt.

Und der Grund dafür, warum wir uns so gut verständigen können, steckt womöglich in unseren Genen.

Ich habe selbst an einem Gen gearbeitet, das FOXP2 heißt. Man hat es bereits in den 1990er-Jahren bei einer Familie in England gefunden, die eine Mutation in diesem Gen aufweist. Und die Träger dieser Familie, die ein kaputtes Gen haben, sind nicht komplett sprachfähig, sie besitzen keine Fähigkeit für komplexe Sprache wie der Rest der Menschheit.

Kollegen von mir haben dieses Gen in Schimpansen untersucht, und was sie fanden war: irre, die Schimpansen haben eine andere Variante des Gens. Es sieht in seiner Struktur aus wie das einer Maus und anders als beim Menschen. Das heißt, zwischen Maus und Schimpanse hat sich in dem Gen nichts verändert, aber zwischen Schimpanse und Mensch hat sich viel verändert. Vielleicht ist ein Sprachgen entstanden.

Und das ist natürlich sehr spannend, weil das potenziell eines dieser Gene ist, das den Menschen zum Menschen macht. Es bewirkt einen Unterschied, es hatte sicherlich einen Einfluss auf die Entwicklung des Menschen und seines großen Gehirns.

Und dieses FOXP2-Gen hast du dann in Mäuse eingebaut, ein menschliches Kommunikationsgen in Nagetiere. Konnten sie dann sprechen?

Sie verfügen natürlich nicht über eine komplexe Sprache, weil sie nicht solche komplexen Stimmapparate haben wie wir. Aber sie können quietschen, fiepen. Und tatsächlich machen sie das im Ultraschallbereich, das hören wir gar nicht.

Meine Kollegen stellten fest, dass, wenn man ein Mikrofon hinhält, die Mäuse, die das menschliche Gen haben, anders fiepen als jene, die das Schimpansen-Gen haben.

Es hat anscheinend einen Effekt auf die Vokalisation, aber es wären viel, viel mehr unterschiedliche Gene nötig, um komplexere Sprache zu entwickeln. Davon abgesehen haben Mäuse nicht das Gehirn, das notwendig wäre, um eine komplexe Sprache überhaupt zu lernen.

Und eine ganz spezielle Sprachtechnik, die ich hier die ganze Zeit anwende: Wir können Fragen stellen. Kein Tier kann das. Tiere können nicht fragen, auch Schimpansen und Delfine und Raben können das nicht. Der Psychologe Thomas Suddendorf vermutet, das könnte der entscheidende Unterschied sein. Das Fragen.

Das kann man sich durchaus vorstellen. Aber was den modernen Menschen ausmacht, geht über das Fragenstellen hinaus. Es ist diese Neugier, dieses, ich nenne es mal Entdecker-Gen, das wir haben. Wir wollen immer einen Schritt weiter, höher, weiter ...

Was ist hinter dem Horizont? Diese Frage bohrt in uns.

Deshalb wollten Thomas Trappe und ich unser Buch »Hybris. Die Reise der Menschheit«, in dem es genau um diesen menschlichen Entdeckergeist geht, zuerst »Hinter dem Horizont« nennen, aber es hat die Lektorin zu sehr an Udo Lindenberg erinnert, deswegen haben wir uns für »Hybris« entschieden.

Ein Professorenbuch ohne Fremdwort im Titel wäre ja auch eine Enttäuschung.

(Lacht.) Es muss schon ein bisschen Griechisch dabei sein, klar.
Aber es ist nun auch so, dass diese Hybris, dieser Hochmut, diese Vermessenheit etwas ist, das uns auszeichnet. Wir haben dieses Entdecker-Gen, dieses Höher, Größer, Weiter. Wir haben immer wieder den Blick hinter den Horizont gelenkt. Keine Menschenform vor uns hat das getan, kein Neandertaler oder Homo erectus. Wir sind wirklich an die entlegensten Orte vorgedrun-

gen, wir haben die Osterinsel mitten im Pazifik besiedelt, wo im Umkreis von 3000 Kilometern nichts ist. Wir haben sie gefunden.

Ja, kein Tier wäre jemals auf so eine verrückte Idee gekommen. Tiere erreichen solche Orte nur zufällig.

Wir haben das gezielt gemacht, wir haben gezielt diese Fragen gestellt. Aber es ist eine Eigenschaft, die uns vielleicht auch zum Verhängnis wird.

Ein Zwischenfazit, was es braucht, um ein Mensch zu werden: Kulturfähigkeit, Sprache, die Fähigkeit zu fragen, Entdeckergeist. Was ist mit dem Sozialverhalten? Wir sind doch Hordentiere. Ist Sozialkompetenz menschlich?

Das ist sicherlich teilweise genetisch, etwa das Gerechtigkeitsgefühl. Es geht dabei ja nicht nur ums Teilen, sondern es muss gerecht verteilt werden. Wenn etwas nicht gerecht verteilt wird, obwohl man kooperiert hat, rasten wir völlig aus.

Ja, das macht uns rasend!

Genau. Eine menschliche Eigenschaft. Wenn es eine Arbeitsteilung gibt, muss der Gewinn gleichmäßig verteilt werden. Und wenn jetzt der eine darauf spezialisiert ist, ganz tolle Bogen zu bauen, aber der Bogenschütze das damit erlegte Tier nicht mit dem Bogenbauer teilt, funktioniert natürlich die gesamte Arbeitsteilung nicht.
    Das heißt, man braucht eine gewisse Gerechtigkeit. Man braucht diese Anpassung, man braucht Kooperation als nackter Affe.

Diese Gerechtigkeit, die ja vielleicht dann in die Gene geschrieben ist, wird in der Selektion natürlich bevorzugt und breitet sich aus.

Kennst du eigentlich das Ultimatum-Spiel?

Es handelt sich dabei um ein Laborexperiment, um Altruismus und Egoismus zu erforschen. Im Prinzip wird untersucht, ob und in welchem Maß Menschen bei ihren Entscheidungen den Eigennutz präferieren oder ob auch andere Interessen dominieren können.

Beispiel: Spieler A bekommt 100 Euro. Er darf das Geld aber nur behalten, wenn er es mit Spieler B teilt. Dabei kann A entscheiden, welchen Betrag er B anbietet. Lehnt B dieses Angebot ab, erhalten beide Spieler gar nichts. A muss also abwägen zwischen der eigenen Habgier und dem Ungerechtigkeitsgefühl von B, um überhaupt etwas zu bekommen.

Wären wir alle Angehörige der Art Homo oeconomicus, also rational-ertragsorientierte Wesen, würde Spieler A nur einen sehr geringen Betrag anbieten, denn er dürfte davon ausgehen, dass B jedes Angebot annimmt, schließlich ist wenig besser als nichts.

Die Realität unterscheidet sich davon jedoch erheblich: Wird Spieler B ein Betrag von 40 Euro oder mehr angeboten, nimmt er meistens an, und beide Spieler erhalten ihren Anteil des Geldes. Liegt das Angebot aber bei oder unter 30 Euro, wird B in der Regel ablehnen. Das ist auf den ersten Blick erstaunlich, denn dadurch verliert B 30 Euro. Aber Geld ist eben nicht alles.

> Das Ungerechtigkeitsgefühl überwiegt dann den Ertragsgedanken, wenn die Differenz zwischen dem, was A und B jeweils bekommen, zu groß wird. Der Wunsch nach einer fairen Aufteilung ist zwar in gewissem Maße kulturabhängig, grundsätzlich aber eine allgemein menschliche Eigenschaft. Sie ist offenbar angeboren, das heißt: genetisch determiniert.

E. O. Wilson hat, wenn ich ihn richtig verstanden habe, gesagt: Es sind eben nicht nur die stärksten Individuen, die sich in der Evolution durchgesetzt haben. Insbesondere beim Menschen nicht, weil wir Hordenwesen sind und nicht die Individuen, sondern vor allem die Horden im Wettbewerb miteinander standen. Und welche Horde ist am leistungsfähigsten? Natürlich nicht die, die allein aus Egoisten besteht, und auch nicht die, die allein aus Altruisten besteht. Es ist innerhalb der Horde eine gut ausbalancierte Mischung von beidem nötig. Gut und Böse sozusagen. Kommen da Gut und Böse her beim Menschen?

Das ist durchaus vorstellbar. Ich denke, wie du schon sagst, es braucht eine gewisse Diversität, auch im Sozialverhalten. Es braucht Unterschiede; dieses Expertentum – quasi den Nerd, über den man jetzt so gerne redet –, auch das ist wichtig, und unterschiedliche Charaktereigenschaften sind ja ebenfalls Diversität. Egoismus und Altruismus – man braucht davon eine gesunde Mischung, und die hat der Mensch hervorgebracht.

Ab und zu muss es einen Steve Jobs geben, der sicherlich sehr spezielle soziale Eigenschaften hatte, oder einen Beethoven oder einen Mozart, das heißt Leute, die man heute als Nerds bezeichnen würde. Sie geben einer Gesellschaft wichtige Impulse. Aber ohne diejenigen, die mit ihrer Sozialkompetenz alles zusammenhalten, geht es natürlich auch nicht.

Die amerikanische Ethnologin Margaret Mead hat festgestellt: Das älteste Stück Zivilisation, das wir kennen, ist kein Schriftstück oder eine schöne Kette, sondern ein geheilter Oberschenkelknochen. Denn es bedeutet: Offensichtlich war da ein Mensch verletzt, er wäre gestorben, aber seine Mitmenschen haben sich um ihn gekümmert, bis der Knochen geheilt war. Das ist Mitgefühl, das weit über reine Kooperation hinausgeht. Ist das menschlich, also sind wir im Grunde doch gut?

Ja natürlich, wir sind soziale Wesen. Was wir von unserer Anlage her vielleicht gar nicht so sehr waren. Bei einem reinen Hordentier, einem Schimpansen etwa, wäre das nicht unbedingt so. Wenn der verletzt ist, wird die Gruppe ihn irgendwann zurücklassen, man wird ihn nicht so lange aufpäppeln und ihm Nahrung bringen, dass er die Verletzung überleben kann. Das ist sicherlich eine menschliche Eigenschaft, die im Lauf der menschlichen Evolution entstanden ist, die aber vielleicht nicht nur der moderne Mensch hat. Vielleicht hatten sie die anderen Homo-Formen auch schon.

Wir haben Beispiele wie das Typus-Exemplar des Neandertalers, das heißt den Neandertaler aus dem Neandertal, der hatte zum Beispiel einen linken Arm, den er wahrscheinlich nicht richtig bewegen konnte. Er hatte einen sehr stark ausgeprägten rechten Arm. Man kann sich schlecht vorstellen, dass dieser Neandertaler eine hohe Fitness besaß mit einem kaputten linken Arm.

Und dann gibt es den alten Mann von La Chapelle-aux-Saints. Das war ein alter Neandertaler, der einige Zeit vorher seine Zähne verloren hatte, und auch er, der sicherlich die Nahrung nicht mehr so zu sich nehmen konnte wie der Rest der Gruppe, hat noch lange gelebt und ist alt geworden. Das heißt, man hat sich bei den Neandertalern schon um die Alten gekümmert. Moderne Menschen machen das in allen Gesellschaften.

Da du den Neandertaler erwähnst, möchte ich fragen: Der Neandertaler hatte ebenfalls ein sehr großes Gehirn. Auch er hat in Gruppen gelebt, auch er konnte Werkzeuge verwenden. Er war sogar stärker als wir, uns körperlich überlegen. Trotzdem hat sich der schwächere Homo sapiens in Europa durchgesetzt. Warum?

Ja, das ist eine der zentralen Fragen, auch im Hinblick auf diese Frage: Was macht den Menschen zum Menschen? Warum war es nicht der Neandertaler, der die Zivilisation hervorgebracht hat? Warum war es der moderne Mensch? Warum war es nicht der Denisovaner oder der Homo erectus, sondern warum waren wir es?

Eine Sache, die uns unterscheidet, wenn wir die Genetik anschauen, ist sicherlich, dass der Neandertaler eine ziemlich kleine genetische Diversität aufwies. Es gab sehr wenig Neandertaler. Die frühen modernen Menschen waren genetisch vielfältiger, die Population war einfach größer. Afrika, wo wir entstanden und uns seit mehr als 200 000 Jahre ausbreiteten, ist ja ein riesiger Kontinent.

In Afrika gab es wahrscheinlich auch verschiedene frühe Formen des modernen Menschen, und die haben sich ausgetauscht und so die genetische Vielfalt vergrößert. Und das kann wiederum bedeuten, dass der moderne Mensch den anderen Urmenschen überlegen war, weil er vielleicht schon rein biologisch mit mehr, sage ich jetzt mal, unterschiedlichen Genen ausgestattet war, die ihm dann erlaubt haben, sich besser an Umweltveränderungen anzupassen.

Und – das scheint den modernen Menschen zu unterscheiden vom Neandertaler – er hatte womöglich eine Kulturfähigkeit, die noch mal größer war als die des Neandertalers. Beim Neandertaler finden wir keine komplexen Kunstfertigkeiten, so wie wir sie bei frühen modernen Menschen sehen. In dem Moment, wo der moderne Mensch in Europa einwandert, haben wir Höhlenmalereien, haben wir Musikinstrumente, auf denen man heute noch spielen könnte. Wir haben komplexe Venus-Schnitzereien, Figurinen. Wir haben sicherlich eine Form von komplexer Religion. Das alles findet man, zumindest in der Komplexität, beim Neandertaler nicht.

Aber was hilft die schönste Höhlenmalerei, wenn einem der Neandertaler mit einer Keule in der Hand gegenübersteht und einem auf den Kopf haut? Der war ja stärker. Erst einmal hilft da nichts.

Was die Höhlenmalereien und all die anderen Dinge, die du gerade aufgezählt hast, jedoch ausdrücken, ist eine besondere Fähigkeit zur Kooperation. Religion, Mythen, Werkzeugkunde, Höhlenmalereien, vielleicht Gesänge, all das könnte eine Rolle gespielt haben. So etwas schweißt Gruppen zusammen, es ist gesellschaftlicher Kitt, ermöglicht Kooperationen einer größeren Zahl von Individuen als es die Kultur der Neandertaler vermochte.

Ist das vielleicht der Unterschied gewesen, warum der individuell schwächere Homo sapiens den individuell stärkeren Neandertaler verdrängen konnte? Weil er kooperativer war?

Es ist eine mögliche Erklärung. Der Neandertaler konnte sicherlich auch kooperieren. Man kann sich das anders nur schwer vorstellen, der Neandertaler war schließlich ein ausgezeichneter Großtierjäger. Er hat Mammuts getötet, keine kranken alten Mammuts oder junge Mammuts, sondern solche im besten Alter. Und das hat er mit Stoßlanzen bewerkstelligt, denn er hatte noch keine Waffen wie zum Beispiel die Speerschleuder oder den Bogen ...

Er musste nah ran ans Tier ...

Ja, er musste im Nahkampf diese Mammuts erlegen, was man auch an den vielen Verletzungen in den Knochen der Fossilien des Neandertalers sieht. Die einzige Berufsgruppe unter heutigen Menschen, die ähnliche Verletzungen aufweist, sind Rodeoreiter. So muss man sich etwa das Leben des Neandertalers vorstellen.

Ist ja auch eine ähnliche Vorstellung von Kultur, Rodeoreiten und Mammutjagen.

(Lacht.) Genau. Eventuell könnte man die auch auf anderen Ebenen vergleichen.

Aber auch Rodeoreiter und Neandertaler müssen kooperieren und benötigen dafür Sprache. Der Neandertaler musste die Jagdzüge sicherlich koordinieren, damit er diese großen Tiere erlegen konnte.

Aber was er tatsächlich nicht hat, ist das Filigrane. Also kleine, feine Werkzeuge, womit dann auch so etwas entsteht wie der Bogen oder die Speerschleuder oder diese unglaublich faszinierenden, beeindruckenden Zeichnungen in den Höhlen und an Felsüberhängen. Das sehen wir alles beim Neandertaler nicht. All das braucht eine gewisse Feinheit.

Wenn man so will, war der Neandertaler ein bisschen grober, und wir waren dann vielleicht ein bisschen feingeistiger.

Genau das hat natürlich dann auch dazu geführt, dass wir eine gewisse Spezialisierung entwickelt haben. Es gab schon so etwas wie Experten, es gab schon Leute, die wahrscheinlich spezialisiert waren, so eine Art Meister, eine Art Handwerker. Und das braucht natürlich eine gewisse Kooperation. Es braucht außerdem eine gewisse Populationsgröße und eine gewisse Vorratswirtschaft.

Man kann sich das vielleicht so vorstellen: Der eine bleibt in der Höhle sitzen und schnitzt den ganzen Tag, und die anderen gehen jagen. Das heißt: Kooperation und Arbeitsteilung.

Homo sapiens versus Neandertaler, das war so ein bisschen wie MacGyver gegen Conan den Barbar? Und MacGyver hat dann am Ende das Rennen gemacht.

Warum der Neandertaler ausgestorben ist, bleibt rätselhaft: Der kulturell und technisch überlegene Homo sapiens habe ihn verdrängt – das ist die zurzeit wohl prominenteste These. Zumindest auf genetischer Ebene ist der Neandertaler jedoch nicht völlig verschwunden: Dank des Genflusses archaischer Menschen zum Homo sapiens ist ein wenig von ihm in uns noch lebendig. Ungefähr zwei Prozent des Genoms von Europäern und Asiaten gehen auf Neandertaler zurück. Die einzig plausible Erklärung dafür: Sex.

Das Aussterben unseres robusten Verwandten könnte aber auch gänzlich unabhängig vom Vordringen des modernen Menschen abgelaufen sein. Die Neandertalerpopulation war nämlich schon vorher bedenklich klein, sie lag Schätzungen zufolge bei nur 5000 bis höchstens 70 000 Individuen. Das waren auf jeden Fall zu wenige, um als Art dauerhaft zu überleben. Eine so kleine Population kann nach Computermodellen zwar mehrere Tausend Jahre lang überleben, steht aber ständig am Rand des Zusammenbruchs, der dann früher oder später auch tatsächlich stattfindet. Dafür kommen eine Reihe von Ursachen infrage: Inzucht, zu kleine und voneinander isolierte Populationen oder Umwelteinflüsse wie Klimaveränderungen.

Die Rolle des modernen Menschen dabei bleibt unklar. Dass er den Niedergang der Neandertaler möglicherweise beschleunigt hat, lässt sich nicht ausschließen. Aber ausgestorben wären die Neandertaler wohl auch ohne uns.

Andererseits hat Homo sapiens sich ja nicht nur hier in Europa durchgesetzt, sondern auf dem gesamten Planeten Erde, er hat alle anderen Homo-Arten verdrängt. Weil er vielleicht ein Entdecker-Gen hat, weil er, wie es in der Biologie heißt, eine Pionierart ist?

Das war eine Welle, die über die Welt gerollt ist, und natürlich wurden immer die, die vorne in der Welle waren, belohnt. Sie haben neue Ressourcen erschlossen, sie haben sich weiter verbreitet. Deren Kinder haben vielleicht den nächsten Lebensraum erschlossen, und so haben wir, mit dem Erbe der Entdecker in uns, schließlich die gesamte Welt besiedelt.

Nur haben wir jetzt ein Problem.

Seit 800 Jahren ist die ganze Welt besiedelt. Die menschliche Population kann jetzt nur noch am selben Ort wachsen, doch eigentlich gibt es nichts Neues zu entdecken und zu erschließen. Die Population wächst aber nach wie vor.

Unser Planet bietet nur begrenzte Ressourcen. Und der Umgang damit läuft aus dem Ruder. Das Klima verändert sich. Wir haben das globale Gleichgewicht so stark verschoben, dass man jetzt nicht mehr vom Holozän redet, in dem wir uns befinden, sondern vom Anthropozän, vom Menschenzeitalter, weil der Mensch die Natur durch seine eigene Natur so stark verändert hat. Wir sind eine Pionierart und haben uns so stark ausgebreitet, dass nun die Ökosysteme zerstört werden.

Nun stellt sich natürlich die Frage: Wie kann es weitergehen im 21. Jahrhundert? Wir befinden uns an einer Schwelle.

Das heißt, die Wildwestmentalität, die unsere Art einst so erfolgreich gemacht hat, war gut bis zu dem Moment, in dem wir den ganzen Planeten erobert hatten. Aber jetzt wird sie zu einem Nachteil, weil wir nicht aufhören können, uns wie Eroberer zu benehmen, obwohl es gar nichts mehr zu erobern gibt, sondern nur noch zu zerstören.

Genau das ist die Hybris des Menschen.
Wir haben ja das Wissen. Wir wissen genau, was wir tun müssten. Wir wissen genau, wie man nachhaltig lebt. Jeder von uns weiß das. Jeder von uns hat eigentlich ein schlechtes Gewissen, wenn er nach Mallorca in den Urlaub fliegt oder wenn er ein Auto fährt, das 15 Liter Benzin verbraucht. Oder ...

... ein Elektroauto, das zwei Tonnen wiegt ...

... was genauso schlimm ist. Oder wenn er zu zweit auf 150 Quadratmetern lebt. Wir wissen alle genau, was wir tun müssen und dass wir nicht so viel Fleisch essen sollten und so weiter. Aber obwohl wir dieses Wissen haben, rennen wir im Prinzip weiter Richtung Abgrund. Und die Frage lautet: Ist das unsere Natur, oder können wir auch anders?

Vielleicht können wir schon bald ganz anders. Wir sind zum ersten Mal in der Geschichte des Lebens imstande, Erbgut aktiv zu verändern. Auch unser eigenes. Ein bisschen zugespitzt: Von nun an bestimmen wir, was den Menschen zum Menschen macht. Kann der Mensch als erste Spezies die Evolution selbst in die Hand nehmen und sich dahin entwickeln, wohin er sich entwickeln will?

Das könnte man sagen. Wir haben natürlich auch mit der Medizin schon die Evolution in die eigene Hand genommen. Das ist ja kein natürlicher Prozess mehr, sondern durch unsere Kultur, durch unsere technische Entwicklung, durch die moderne Medizin sind wir jetzt schon in der Lage, Menschen das Leben zu ermöglichen, die unter natürlichen Bedingungen nicht überleben könnten.

Aber zusätzlich können wir jetzt tatsächlich uns selbst eine gewisse Richtung geben. Wir können nun bestimmte Gene, natürlich erst einmal Krankheitsgene, reparieren.

Du meinst, Erbkrankheit kann man möglicherweise mit der CRISPR/Cas-Genschere ausschalten?

Genau. Es gibt beispielsweise ein Gen, das bei den Trägerinnen bis zum 50. Lebensjahr mit hoher Wahrscheinlichkeit dazu führt, dass sie Brustkrebs entwickeln. Dieses Gen hat zum Beispiel Angelina Jolie, in deren Familie viele Personen Brustkrebs bekommen haben. Das ist ja ohnehin die wohl häufigste Krebsform bei Frauen, die leider auch eine sehr hohe Mortalität aufweist. Angelina Jolie hat sich entschieden, ihre Brüste abzunehmen zu lassen. Inzwischen könnte man im Prinzip auch sagen: Wir sind in der Lage, gezielt dieses Gen in ihren Nachkommen auszuschalten. Wir sind im Prinzip in der Lage, dieses Gen zu reparieren.

Ist das nicht verrückt? Dass ein Wesen, das selbst ein Produkt der Evolution ist, die Evolution in Zukunft selber gestalten kann. Das hat es in der Geschichte des Lebens noch nie gegeben.

Nein, das hat es so noch nie gegeben.

Wenn ein Mensch wie du sein ganzes Erwachsenenleben lang so tief in dieses Thema eintaucht, in die Menschwerdung und in das, was Menschen genetisch-biologisch ausmacht, ist da noch Raum für das Staunen, oder ist das nur noch Analyse?

Also, das Verrückte bei Biologen – und ich bin so eine Art Evolutionsbiologe, ein bisschen Archäogenetiker und Biochemiker und Anthropologe, ich bin irgendwie vieles in einem –, aber was viele Biologen gemeinsam haben, ist dieses Bewundern der Evolution und der Biologie und der Diversität. Und ich bin immer wieder erstaunt, welche Wunder die Evolution und die Natur hervorgebracht haben, was für komplexe Lösungsmöglichkeiten, wie Arten gestaltet sind, wie sie sich weiterentwickeln und anpassen an verschiedenste Umweltbedingungen. Das ist etwas, das ich bewundere. Ich brauche keine Religion, weil ich die Evolution habe.

Biologen gehören wirklich unter den Naturwissenschaftlerinnen und Naturwissenschaftlern zu denjenigen mit der geringsten Anzahl von religiösen, von gläubigen Menschen, weil sie das einfach nicht brauchen. Wir haben diese, ich sage jetzt mal, Ersatzreligion, die Evolution, die uns den Blick gibt auf den Anfang, vom ersten kleinen Zellhäufchen, das dann irgendwie beginnt, sich zu teilen, bis hin zu den komplexen Arten, die wir heute haben. Und wir brauchen dafür keine Schöpfungsgeschichte, sondern wir haben die Evolutionstheorie.

Naturwissenschaft ist manchmal wie Religion, oder?

Genau, aber es braucht halt keine Wunder.

Es sind alles Dinge, die wir im Prinzip wissenschaftlich erklären können. Und das ist ja auch das Schöne. Ich meine, ich brauche eine gewisse Logik, und ich kann mir die Sachen ableiten. Das macht das Ganze natürlich noch attraktiver. Das Leben ist zwar unglaublich komplex und beeindruckend, aber wir verstehen die Mechanismen, wie es im Lauf der Zeit entstanden ist, und wir können es erforschen.

Nur für die Vergänglichkeit bietet meine Ersatzreligion, die Evolutionsbiologie, keinen Trost. Ich werde nach meinem Tod von Mikroorganismen zersetzt und gehe sicherlich als Teilchen in anderen Organismen auf. Zwar ein schöner Gedanke, aber mein Verstand und mein Intellekt und im Prinzip mein Wissen und meine Erfahrungen, die sind natürlich in dem Moment, in dem ich die Augen das letzte Mal schließe, verloren. Und das ist natürlich ein eher trauriger Gedanke.

Doch solange das Leben weiterexistiert, gibt einem das Trost – wenn man selbst Kinder hat oder wissenschaftlichen Nachwuchs, wenn man etwas weitergibt und hinterlässt auf dieser Welt. Dann brauche ich auch kein Leben nach dem Tod und keinen Himmel, kein Nirwana oder so etwas Fantastisches, sondern ich mache mich sozusagen hier auf der Erde ein bisschen unsterblich.

Wahrscheinlich ist das etwas, was den Menschen zum Menschen macht. Johannes, vielen Dank für deine Gedanken.

Dank

Ich danke Peter Arens und Johannes Geiger dafür, die »Terra-X«-Podcast-Reihe ermöglicht zu haben, auf der dieses Buch basiert.

Jens Monath und Heike Schmidt danke ich für die kompetente redaktionelle Betreuung, Christian Alt und seinem »Kugel und Niere«-Team für die hervorragende Produktion und die inhaltliche Vorbereitung. Danke an Thorsten Czart, der das Kunststück hinbekommen hat, in Hotelzimmern auf der ganzen Welt Podcasts ohne jedes Störgeräusch aufzuzeichnen. Danke an die Ton-Teams von German Wahnsinn in Hamburg und Plan 1 in München.

Dank an Britta Egetemeier für das Vertrauen in meine Buchideen und Julia Hoffmann, die (fast) jede Terminverschiebung mit stoischer Gelassenheit erträgt und den Texten den letzten Schliff gibt.

Dank an Anne Tucholski für die kreative Textarbeit. Und Dank an Timo Korsmeyer für die Organisation des Drumherums.

Und danke an Sabine, ohne die sowieso alles sinnlos wäre.

Zeit zu handeln: Ein aufrüttelndes Buch über die Bewahrung der Artenvielfalt

»Wir befinden uns mitten im sechsten Massenartensterben und erleben den größten Artenschwund seit dem Aussterben der Dinosaurier. Der Mensch hat ihn ausgelöst, und nur er kann ihn stoppen.«
In ihrem Bestseller zeigen der bekannte »Terra-X«-Moderator Dirk Steffens und ZEIT-Redakteur Fritz Habekuß, wie in der Natur alles mit allem zusammenhängt und warum der Erhalt der Artenvielfalt überlebensnotwendig für die Menschheit ist. Die beiden schlagen Maßnahmen vor, um das Artensterben zu stoppen: drastisch, aber nicht unmöglich – und mit der Chance, unser Verhältnis zur Natur zu revolutionieren.